Reduktion von Polyphosphiden und Fragmentierung von As_4S_n durch zweiwertige Lanthanoide sowie Darstellung eines Sm(III)-Cu(I)-Clusters

Zur Erlangung des akademischen Grades eines

DOKTORS DER NATURWISSENSCHAFTEN

(Dr. rer. nat.)

Fakultät für Chemie und Biowissenschaften

Karlsruher Institut für Technologie (KIT) - Universitätsbereich

genehmigte

DISSERTATION

von

Dipl.-Chem. Nicholas Arleth

aus

Spaichingen

Dekan: Prof. Dr. P. W. Roesky

Referent: Prof. Dr. P. W. Roesky

Korreferent: Prof. Dr. F. Breher

Tag der mündlichen Prüfung: 18.07.2014

Bibliografische Information der Deutschen Nationalbibliothek

Die Deutsche Nationalbibliothek verzeichnet diese Publikation in der Deutschen Nationalbibliografie; detaillierte bibliografische Daten sind im Internet über http://dnb.d-nb.de abrufbar.

1. Aufl. - Göttingen : Cuvillier, 2014

Zugl.: Karlsruhe, Univ., Diss., 2014

Die vorliegende Arbeit wurde von 2011 bis 2014 unter Anleitung von Prof. Dr. Peter W. Roesky am Karlsruher Institut für Technologie (KIT) - Universitätsbereich angefertigt.

Nonnenstieg 8, 37075 Göttingen

Telefon: 0551-54724-0

Telefax: 0551-54724-21

www.cuvillier.de

1. Auflage, 2014

Gedruckt auf umweltfreundlichem, säurefreiem Papier aus nachhaltiger Forstwirtschaft.

ISBN 978-3-95404-833-5

eISBN 978-3-7369-4833-4

Inhaltsverzeichnis

1 Einleitung

1.1 Lanthanoide

Die fünfzehn Elemente von Lanthan bis Lutetium stellen im Periodensystem die Untergruppe der Lanthanoide (Ln) dar. Der Begriff Lanthanoid bedeutet "Lanthan ähnlich", weshalb Lanthan nicht zu den Lanthanoiden gezählt werden sollte. Im allgemeinen Gebrauch ist es jedoch üblich Lanthan in die Lanthanoide einzubeziehen.[1] Weiterhin ist für diese Elemente die Bezeichnung Seltenerdmetalle oder Metalle der Seltenen Erden gebräuchlich. Neben den Lanthanoiden werden auch Yttrium (Y) und Scandium (Sc) zu den Metallen der Seltenen Erden gezählt. Die Bezeichnung "Seltene Erden" bezieht sich auf die Elementoxide und stammt aus der Zeit ihrer Entdeckung im 18. Jahrhundert in seltenen Mineralien. Der Begriff ist aus heutiger Sicht irreführend, denn insgesamt beträgt der Gehalt der Lanthanoide an der festen Erdrinde 0,01 Gew.-%. Das häufigste Lanthanoid Cer ist weitaus häufiger anzufinden als z.B. Blei und Arsen und selbst das seltenste stabile Lanthanoid Thulium ist immer noch häufiger als Gold oder Platin.[2-3]

Für die Gewinnung der leichteren Lanthanoide (Ordnungszahl 57-64), auch Ceriterden genannt, sind vor allem die Mineralien Monazit und Bastnäsit von Bedeutung. Lagerstätten von Bastnäsit finden sich im Kongo und New Mexico. Neben den Elementen der Ceriterden findet sich im Monazit auch das Actinoid Thorium, wobei die Elemente mit gerader Ordnungszahl (OZ), in Übereinstimmung mit der Harkinschen Regel, den Hauptteil der enthaltenen Lanthanoide darstellen.[3] Für die schwereren Lanthanoide (Ordnungszahl 65-71), auch Yttererden genannt, sind die wichtigsten Mineralien Thalenit, Thortveitit, Gadolinit und Xenotim.[4]

Die ähnlichen chemischen Eigenschaften der Lanthanoide lassen sich durch ihre Elektronenkonfiguration erklären. Bei den Lanthanoiden wird mit steigender Ordnungszahl die drittäußerste Elektronenschale (*4f*-Orbitale) von Cer ($[Xe]4f^{1}5d^{1}6s^{2}$) bis hin zu Lutetium ($[Xe]4f^{14}5d^{1}6s^{2}$) aufgefüllt. Die *4f*-Orbitale liegen im Vergleich zu den *5d* und *6s* Orbitalen energetisch niedriger und haben außerdem eine kleinere radiale Ausdehnung. Dadurch besitzen die *5d* und *6s* Elektronen eine niedrigere Ionisierungsenergie und werden bei der Bildung von Ionen zuerst entfernt, was zu der stabilsten Oxidationsstufe +III und der Elektronenkonfiguration [Xe]$4f^n$ führt.[4] Es sind jedoch auch die Oxidationsstufen +II (Nd, Sm, Eu, Dy, Tm, Yb) sowie +IV (Ce, Pr, Nd, Tb, Dy) zugänglich.[5]

Die unzureichende Abschirmung der Kernladung durch die *4f*-Elektronen führt bei steigender Ordnungszahl zu einem Anstieg der effektiven Kernladung, welche auf alle Valenzelektronen wirkt, und somit die Elektronenhülle des Ions bzw. des Atoms kontrahiert. Dadurch nehmen bei steigender Ordnungszahl sowohl die Atom- als auch die Ionenradien ab (Lanthanoidenkontraktion). Deshalb bilden die Lanthanoide eine Reihe von 15 Elementen mit ähnlichen chemischen Eigenschaften, jedoch stark unterschiedlichen Ionenradien (Tabelle 1.1).[3-4]

Ln^{3+}	OZ	Ionenradius [Å]	Ln^{3+}	OZ	Ionenradius [Å]
La	57	1.032	Tb	65	0.923
Ce	58	1.010	Dy	66	0.912
Pr	59	0.990	Ho	67	0.901
Nd	60	0.983	Er	68	0.890
Pm	61	0.970	Tm	69	0.880
Sm	62	0.958	Yb	70	0.868
Eu	63	0.947	Lu	71	0.861
Gd	64	0.938			

Tabelle 1.1. Ionenradien der dreiwertigen Lanthanide (KZ = 6).[6]

Durch die elektronischen Eigenschaften der Lanthanoide, sind für Bindungen vor allem elektrostatische Wechselwirkungen von Bedeutung. Lediglich ein sehr kleiner Anteil ist auf kovalente Bindungskräfte zurückzuführen. So spielen klassische Liganden, wie C≡O, im Gegensatz zur Übergangsmetallchemie, so gut wie keine Rolle.[4] Vorteilhafter sind sterisch anspruchsvolle anionische Liganden, die das Lanthanoidkation gut abschirmen können. Solche Liganden sind z.B. das Cyclopentadienyl-Anion und seine Derivate. Aufgrund der hohen Empfindlichkeit dieser Verbindungen gegenüber Wasser und Luftsauerstoff entwickelte sich die Organolanthanoidchemie nach der Darstellung der ersten Tris(cyclopentadienyl)lanthanoidkomplexe durch Birmingham und Wilkinson zunächst sehr langsam.[7] Erst als man in den späten 1980er Jahren das Potenzial dieser Verbindungen entdeckte, wurde dieses Forschungsgebiet stärker bearbeitet.[8]

1.2 Lanthanoid-Cluster

Aufgrund ihres elektronischen Aufbaus sind keine Lanthanoidverbindungen, die über eine Ln-Ln-Bindung verfügen oder in denen das Lanthanoid Elektronen zu einer kovalenten Bindung beisteuert, bekannt. Aus diesem Grund werden Cluster, im Sinne der Definition von Cotton aus dem Jahr 1966, von Lanthanoiden in der Regel nicht gebildet.[9]

"Metal cluster compounds can be defined as those containing a finite group of metal atoms which are held together, mainly or at least to a significant extent, by bonds directly between the metal atoms."[9]

Daher bilden sich Lanthanoid-"Cluster" nur in Anwesenheit von kleinen Lewis-basischen Liganden, die eine oder mehrere Lanthanoid-Einheiten zusammenfügen oder verbrücken. Trotzdem hat sich die Bezeichnung Cluster, um solche Lanthanoid-Verbindungen zu beschreiben, international durchgesetzt.

Solch ein Lewis-basischer Ligand ist z.B. das Chloridion, welches in der Lage ist CpSm-Einheiten zu verbrücken. Teuben *et al.* gelang so die Darstellung von $[Cp_{12}Sm_{12}Cl_{24}]$ (Abbildung 1.1).[10] Der Cluster besteht aus zwölf $CpSmCl_2$-Einheiten, die zu einem Molekül vereinigt sind, wobei die Sm-Atome ikosaedrisch angeordnet sind. Jedes Sm-Atom weist eine stark verzerrte pentagonal-bipyramidale Koordinationssphäre bestehend aus sechs Cl-Atomen und einem Cp-Liganden auf. Jedes Cl-Atom überspannt eine Sm-Dreiecksfläche, wobei 20 Cl-Atome eine "äußere" pentagonal-dodekaedrische Hülle bilden, während vier weitere Cl-Atome ein "inneres" Tetraeder ergeben, welches sich innerhalb des Sm-Ikosaeders befindet. Die 60 C-Atome der zwölf Cp-Liganden bilden eine Anordnung die einem abgestumpften Ikosaeder entspricht und damit eine Analogie zum C_{60}-Fulleren aufweist.

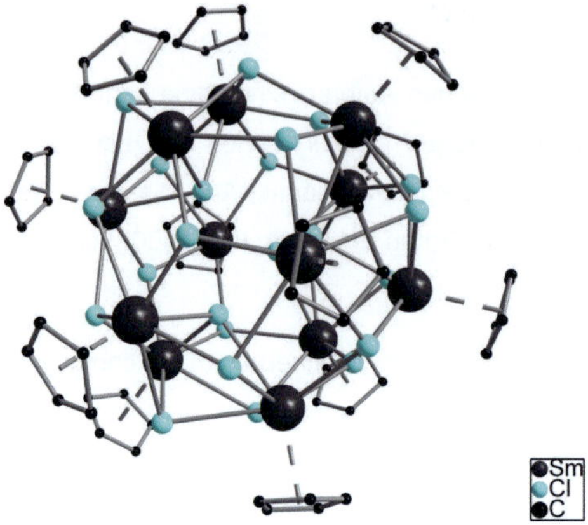

Abbildung 1.1. Struktur von $[Cp_{12}Sm_{12}Cl_{24}]$.[10]

Mit dem Cluster $[Yb_4S_9I_2(thf)_6]$ konnte durch Brennan *et al.* gezeigt werden, dass Sulfid- und auch Disulfidbrücken die Bildung von Lanthanoid-Clustern ermöglichen (Abbildung 1.2). Ebenso konnte das Selen-Homologe dargestellt werden. In diesen Clusterverbindungen sind die Lanthanoide quadratisch-planar von μ_4-verbrückenden Chalkogenid-Einheiten umgeben. Die vier Kanten des Quadrats sind jeweils von einer μ_2-verbrückenden Dichalkogenid-Einheit überkappt.[11]

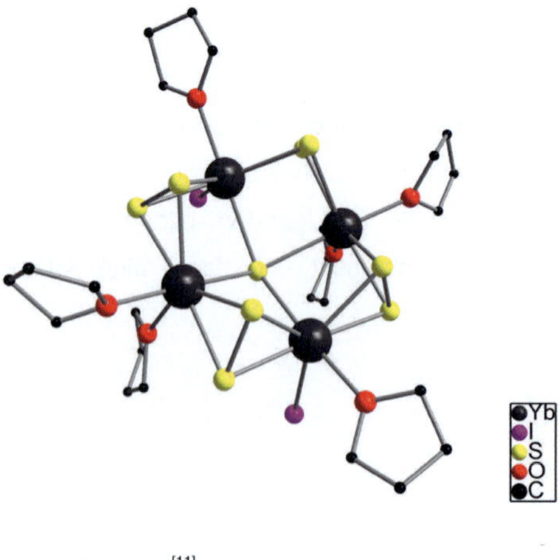

Abbildung 1.2. Struktur von $[Yb_4S_9I_2(thf)_6]$.[11]

1.3 Lanthanoid-Phosphor-Verbindungen

Phosphor ist ein biologisch essentielles Element und besitzt auch ein breites Anwendungsfeld in der Industrie. Es ist in der Verbindung Adenosintriphosphat vorhanden und somit ein zentraler Bestandteil des Energiestoffwechsels von Zellen und ebenso in der DNS ein unverzichtbarer Bestandteil des Lebens. Des Weiteren ist er Bestandteil der Zähne und der Knochen. In der Industrie werden Phosphorverbindungen in Nahrungszusätzen, Düngern und in der Medizin als Bestandteil von Medikamenten eingesetzt.[12] Viele phosphorhaltige Übergangsmetallkomplexe finden zudem als Katalysatoren in der chemischen Industrie Verwendung.[13]

Nach dem HSAB-Prinzip ist die Kombination der harten Lanthanoidionen mit weichen Phosphorliganden nicht bevorzugt. Tatsächlich ermittelte die Arbeitsgruppe Marks für die Verbindungen Cp^*_2Sm-X eine Reihe von Bildungsenthalpien. Diese zeigt, dass die Ln-P-Bindung die thermodynamisch schwächste darstellt (Tabelle 1.2).[14]

X	ΔE [kcal mol^{-1}]	X	ΔE [kcal mol^{-1}]
Cl	-97.1	I	-69.4
C≡CPh	-93.2	H	-54.2
Br	-83.6	NMe_2	-48.2
O*t*-Bu	-82.4	PEt_2	-32.6
S(*n*-Pr)	-73.4		

Tabelle 1.2. Bildungsenthalpien der Reihe Cp^*_2Sm-X.[14]

1.3.1 Lanthanoid-Phosphide

Der Schwierigkeiten in der Synthese von Lanthanoid-Phosphor-Komplexen zum Trotz, ist die Chemie von Lanthanoid-Metallen mit Phosphor als Donorligand von großem Interesse.[15] So konnte 1993 durch Aspinell *et al.* der erste chelatisierende Phosphid-Komplex $[\{(i\text{-Pr})_2N\}_2La\{m\text{-}P(C_6H_4OMe\text{-}o)_2\}_2Li(thf)]$ durch die Protonierung von $Li[La\{N(i\text{-}Pr_2)_2\}_4]$ mit zwei Äquivalenten $[HP(C_6H_4OMe\text{-}o)_2]$ dargestellt werden. Dieser Komplex enthält sowohl harte Sauerstoff- als auch weiche Phosphordonoren.[16-17] Die Salzmetathese zwischen $K[P\{(Me_3Si)_2CH\}(C_6H_3\text{-}2\text{-}OMe\text{-}3\text{-}Me)]$ und YbI_2 ergab den Komplex $[Yb\{P\{(Me_3Si)_2CH\}(C_6H_3\text{-}2\text{-}OMe\text{-}3\text{-}Me)\}_2(thf)_2]$, welcher zwei zweizähnige P-O-Liganden enthält.[18] Durch die Reaktion mit dem sterisch weniger anspruchsvollen Phosphid K[P{($Me_3Si)_2CH$}(C_6H_4-2-OMe)] erhielten Izod *et al.* den Komplex [Yb{P{($Me_3Si)_2CH$}(C_6H_4-2-OMe)}(thf)]$_4$.[18] Darin bilden die Ytterbiumatome mit vier Sauerstoffatomen eine verzerrte Heterocubanstruktur. Jedes Metall ist von drei μ_3-Alkoxidgruppen, zwei μ_2-Phosphidgruppen und einem THF-Molekül koordiniert (Abbildung 1.3).

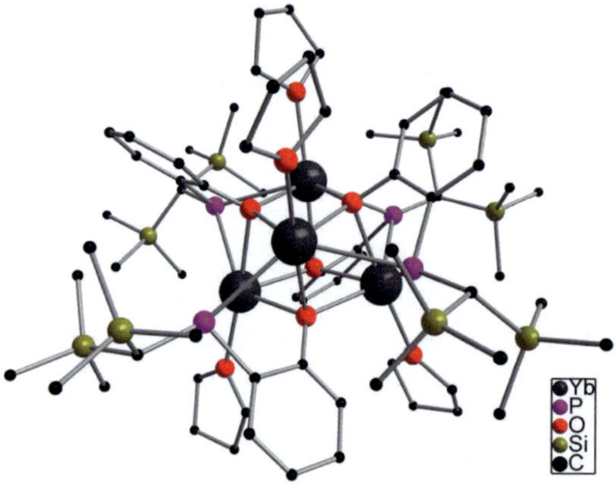

Abbildung 1.3. Struktur von [Yb{P{($Me_3Si)_2CH$}(C_6H_4-2-OMe)}(thf)]$_4$.[18]

Durch Protonierung von [Ln($CH_2SiMe_3)_3$(thf)$_2$] mit [$Me_2Si(C_5Me_4)$RPH] (R = Ph, Cy) in Hexan konnte eine Vielzahl an zweikernigen Komplexen dargestellt werden. Die Verbindungen [{$Me_2Si(C_5Me_4)$PR}$_2$Ln(CH_2SiMe_3)(thf)$_n$]$_2$ (Ln = Y, R = Ph, Cy, n = 1; Ln = Yb, Lu, R = Ph, Cy, n = 0) zeigen alle eine ähnliche Struktur, in welcher die zwei Metallzentren asymmetrisch über zwei Phosphide verbrückt sind.[19] Diese Komplexe können als Katalysatoren in der Hydrosilylierung von Olefinen und der Polymerisation von Ethen eingesetzt werden. Die cyclohexylsubstituierten Yttrium- und Lutetium-Komplexe zeigen zusätzlich eine sehr hohe Regio- und Stereoselektivität in der katalysierten Polymerisation von Isopren.[20]

1.3.2 Lanthanoid-Phosphinide

Im Gegensatz zur Chemie der Lanthanoid-Phosphide ist die Chemie der Lanthanoid-Phosphinide noch wenig untersucht. Phosphinide stellen die Phosphoranaloga der Carbene dar und liegen in den wenigen bislang bekannten Lanthanoid-

Phosphiniden-Komplexen stets verbrückend vor. Erst 2008 wurde durch Kiplinger *et al.* der erste Lanthanoid-Phosphiniden-Komplex [(PNP*i*-Pr)Lu(*m*-PMes)]$_2$ (PNP*i*-Pr = {2-(*i*-Pr$_2$P)-4-Me-C$_6$H$_3$}$_2$N) dargestellt.[21] 2011 gelang Chen *et al.* die Darstellung eines pentanuklearen Yttrium-Komplexes mit einer P^{3-}-Einheit (Abbildung 1.4).[22] Die fünf Y-Atome besetzen die Ecken einer quadratischen Pyramide. Die Seitenflächen sind jeweils von μ$_3$-$(PR)^{2-}$ Liganden und die Grundfläche der Pyramide von der μ$_6$-P^{3-}-Einheit überkappt. An die basalen Y-Atome koordinieren zusätzlich noch je ein μ-I-Atom und ein THF-Molekül. Das apikale Yttriumatom ist durch ein terminales Iodatom koordiniert. Neben den vier verbrückenden I-Atomen kommt es zu einer Wechselwirkung zwischen dem Kaliumatom und der μ$_6$-P^{3-}-Einheit.

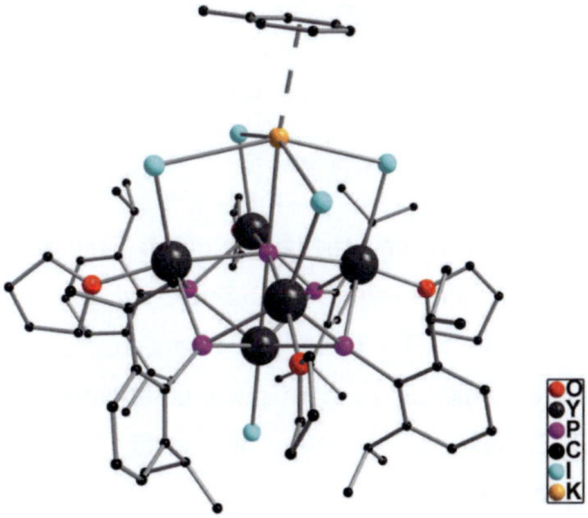

Abbildung 1.4. Struktur von [Y$_5${P(SiMe$_3$)C$_6$H$_3$-(2,6-*i*-Pr)}$_4$I$_5$PK(C$_8$H$_7$)(thf)$_4$].[22]

1.3.3 Lanthanoid-Komplexe über Aktivierung von Phosphorverbindungen

Die Bildung neuer Phosphor-Phosphor-Bindungen durch die Verwendung von Metallverbindungen ist durch die Wahl geeigneter Ausgangsverbindungen ebenfalls möglich. So gelang Roesky *et al.* die reduktive Dimerisierung des Phosphaalkins *t*-BuC≡P durch Umsetzung mit [Cp*$_2$Sm(thf)$_2$] unter Bildung eines 2,3-Diphosphabutadiens. Daneben publizierten Nixon *et al.* den niedervalenten Scandiumkomplex [{(η^5-P$_3$C$_2$*t*-Bu$_2$)Sc}$_2$(μ-η^6:η^6-P$_3$C$_3$*t*-Bu$_3$)], welcher über eine Kokondensation von Scandiumdampf mit *t*-BuC≡P erhalten wurde.[23]

Neben der Darstellung von Metallphosphorverbindungen aus phosphorhaltigen Molekülen, besteht in der Phosphorchemie ein großes Interesse an der direkten Aktivierung und Funktionalisierung von weißem Phosphor (P_4) durch Metallkomplexe. Peruzzini *et al.* berichteten 1999 über die erste P-C-Bindung, welche durch die Funktionalisierung von P_4 mit Hilfe eines Übergangsmetallkomplexes erfolgte.[24] Durch die Reaktion von P_4 mit dem Komplex [(triphos)RhR($\eta^{2:1}$-C_2H_4)] konnten die Rhodiumkomplexe [(triphos)Rh($\eta^{2:1}$-P_4R)] (R = Me, Et, Ph; triphos = 1,1,1-(diphenylphosphinomethyl)$_3$ethan) erhalten werden. Durch weitere Umsetzung mit Wasserstoff kann der Komplex [(triphos)Rh(P_3)] erhalten werden (Schema 1.1).[25]

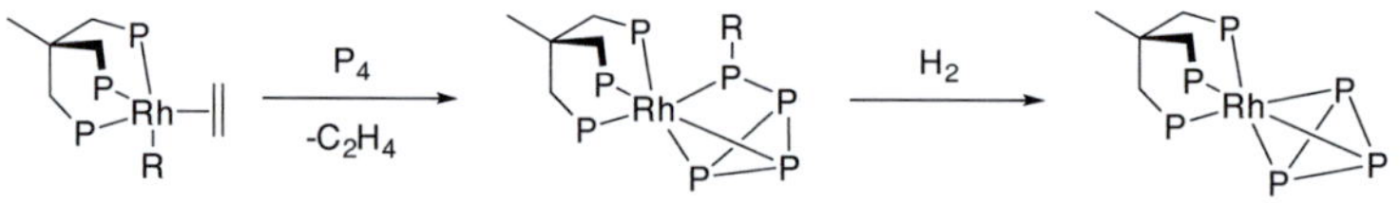

Schema 1.1. Darstellung eines RhP_3-Komplexes.[25]

Erst 2009 gelang es in unserem Arbeitskreis durch Einleiten von gasförmigem P_4 in eine donorfreie Samarocenlösung ([Cp^*_2Sm]) den Komplex [(Cp^*_2Sm)$_4$$P_8$] zu erhalten (Abbildung 1.5).[26] Der Komplex besteht aus einer zentralen P_8^{4-}-Einheit, welche das größere Analogon zu dem gut untersuchten Zintl-Anion P_7^{3-} darstellt. Jede (Cp^*_2Sm)$^+$-Einheit ist hierbei an zwei verbrückend koordinierende Phosphoratome gebunden.

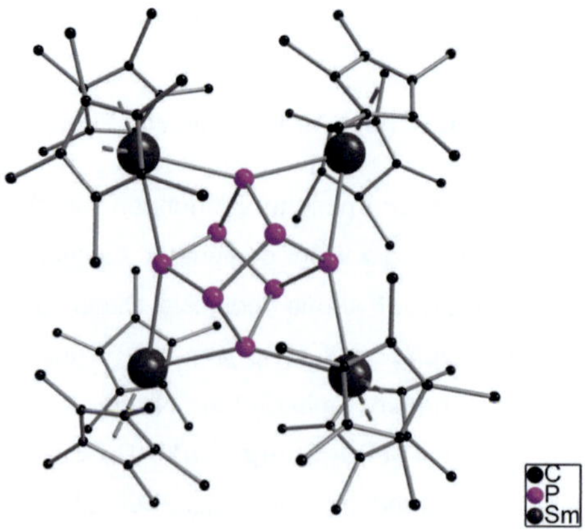

Abbildung 1.5. Struktur von [(Cp^*_2Sm)$_4$$P_8$].[26]

Das Phosporgerüst besitzt eine realgarähnliche Struktur und wird von vier $(Cp^{*}_2Sm)^{+}$-Einheiten umgeben. Während der Reaktion werden die Samariumatome oxidiert und es findet ein Elektronentransfer zwischen dem Metall und dem Phophorgerüst statt. Durch Einsatz eines Zwei-Elektronen-Reduktionsmittel gelang es Diaconescu *et al.* ebenfalls ein P_8^{4-}-Gerüst aufzubauen. Dazu wurde weißer Phosphor mit dem Scandium-Naphthalin-Komplex $[\{(NN^{fc})Sc\}_2(\mu\text{-}C_{10}H_8)]$ (NN^{fc} = 1,1´-fc(NSi*t*-BuMe$_2$)$_2$, fc = Ferrocenylen) in Toluol umgesetzt.[27] Daneben konnte u.a. noch ein ScP_7-Komplex isoliert werden, was für die direkte Aktivierung von P_4 nicht ungewöhnlich ist. Der Komplex $[\{(NN^{fc})Sc\}_3P_7]$ stellt das erste Beispiel dar, bei dem ein Lanthanoidkomplex mit dem Zintl-Anion P_7^{3-} direkt durch die Aktivierung von weißem Phosphor erhalten werden konnte (Abbildung 1.6).

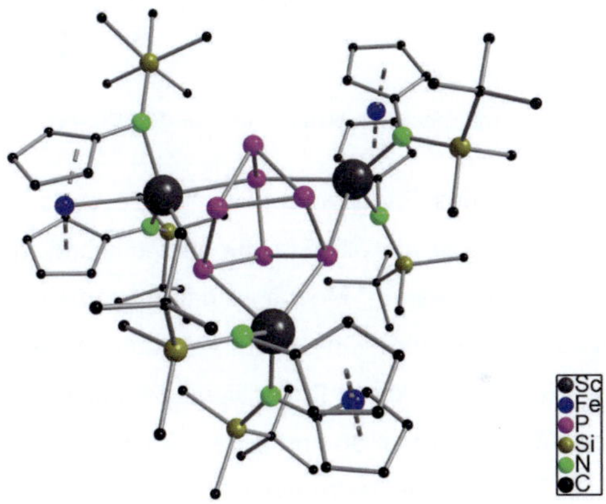

Abbildung 1.6. Struktur des ScP_7-Komplex $[\{(NN^{fc})Sc\}_3P_7]$.[27]

1.3.4 Lanthanoid-Komplexe über Übergangsmetall-Polyphosphide

Neben der direkten Aktivierung von elementarem Phosphor zum Aufbau von Lanthanoid-Polyphosphid-Komplexen können solche Verbindungen auch durch die Umsetzung von geeigneten Lanthanoidverbindungen mit Übergangsmetall-Polyphosphiden dargestellt werden. In unserem Arbeitskreis wurde hierfür bereits mit dem bekannten Pentaphosphaferrocen ($[Cp^{*}FeP_5]$) gearbeitet. So führt die Reaktion von $[(DIP_2pyr)SmI(thf)_3]$ (DIP_2pyr = 2,5-{*N*-(2,6-di*iso*propylphenyl)-iminomethyl}$_2$pyrrolyl) mit $[Cp^{*}FeP_5]$ und Kalium-Naphthalid zu dem ersten 3d/4fcyclo-P_5-Sandwichkomplex (Abbildung 1.7). In der Festkörperstruktur bildet die cyclo-P_5-Einheit die mittlere Ebene einer Tripeldeckerverbindung.

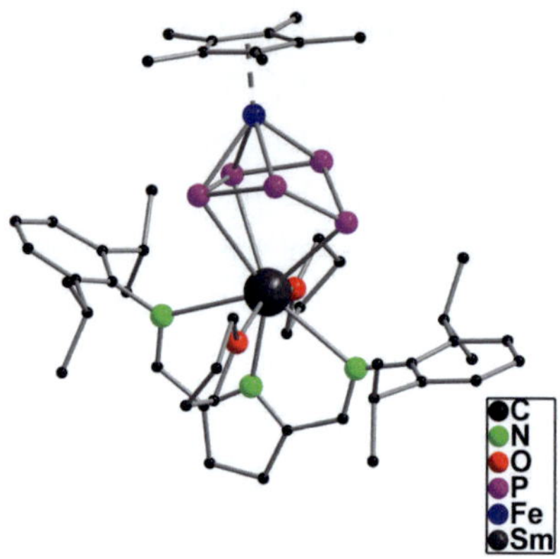

Abbildung 1.7. Struktur der Tripeldeckerverbindung [Cp*FeP_5Sm(DIP_2pyr)$(thf)_2$].[28]

Aufgrund der Reduktion des Phosphorgerüsts, ist die cyclo-P_5-Einheit nicht mehr planar, sondern nimmt eine gewinkelte Struktur an und koordiniert in einem η^4-Modus an die Eisenatome und in einem η^3-Modus an das Samariumatom.[28] Im Gegensatz zu der Zwei-Elektronen Reduktion führt die Ein-Elektronen Reduktion von [Cp*FeP_5] mit [Cp*$_2$Sm$(thf)_2$] zu einer reduktiven Dimerisierung (Abbildung 1.8).[29] Aufgrund der Reduktion winkelt sich ein P-Atom ab und bildet mit einer zweiten abgewinkelten P_5-Einheit eine neue 2-Zentren-2-Elektronen P-P-Einfach-Bindung. Die so gebildete P_{10}^{4-}-Einheit koordiniert im η^4-Modus an zwei Fe-Atome und im η^2-Modus an zwei Sm-Atome.

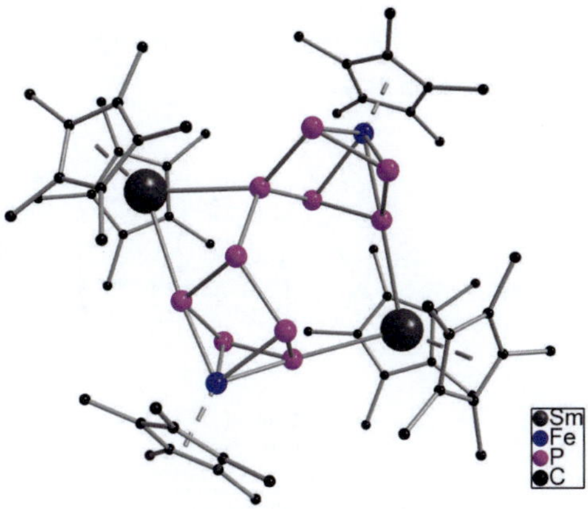

Abbildung 1.8. Struktur von $[(Cp^*_2Sm)_2P_{10}(FeCp)_2]$.[29]

Eine intramolekulare P-P-Bindungsknüpfung konnte durch die Reaktion von $[Cp^*_2Sm(thf)_2]$ mit dem Komplex $[(Cp'''Co)_2(\mu,\eta^{2:2}P_2)_2]$ (Cp''' = 1,2,4-(*t*-Bu)$_3$C$_5$H$_2$) realisiert werden (Schema 1.2). Die acyclische P_4-Einheit in dem dreikernigen Komplex $[(Cp'''Co)_2P_4Sm(Cp^*)_2]$ bildet sich hierbei durch die Übertragung eines Elektrons vom Samarocen auf den Cobaltkomplex.[30] Die neue P-P-Bindung bildet sich hierbei nicht durch die direkte Reduktion der Phosphoratome. Stattdessen findet formal eine Übertragung der positiven Ladung des Cobalts auf das Samariumatom statt. Dieser Übertrag bewirkt eine Neuordnung der P_2^{2-}-Einheiten zu einer acyclischen P_4^{4-}-Einheit mit einer zusätzlich neu ausgebildeten P-P-Bindung.

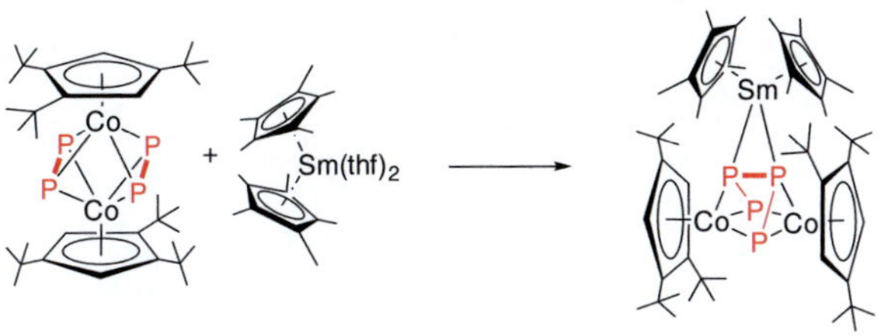

Schema 1.2. Darstellung von $[(Cp'''Co)_2P_4Sm(Cp^*)_2]$.[30]

1.4 Arsensulfid-Komplexe

Schon seit dem Altertum finden natürlich vorkommende Arsensulfid-Mineralien, wie das Auripigment As_2S_3, als Medizin oder als Farbpigment Verwendung.[3] In der heutigen Zeit sind diese Mineralien wichtige Vorstufen für anionische oder neutrale Liganden.[31] Besonders Dimorphit (As_4S_3) und Realgar (As_4S_4) sind wichtige Ausgangsverbindungen (Schema 1.3).

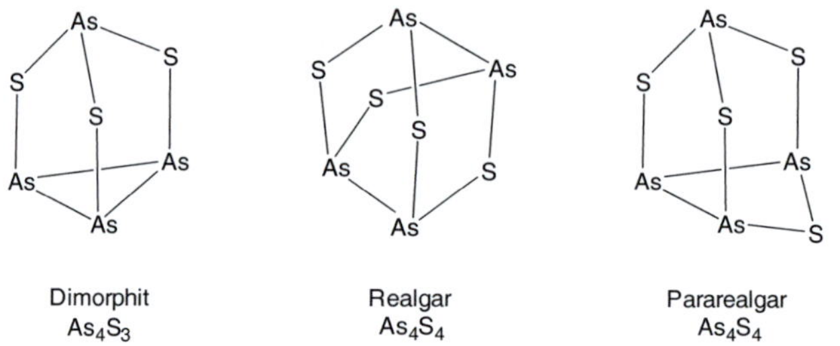

Schema 1.3. Strukturen ausgewählter Arsensulfid-Mineralien.

Die im anionischen Komplex $[Fe_2(CO)_6(AsS)]^-$ realisierte AsS-Hantel stellt den einfachsten aus Arsen und Schwefel aufgebauten Liganden dar.[32] Ein sandwichartiger Komplex $[(Cp^{Et}Fe)AsS]_2$ ($Cp^{Et} = C_5Me_4Et$) mit zwei AsS-Hanteln konnte von Wachter *et al.* 1994 durch Thermolyse von $[Cp^{Et}{}_2Fe_2(CO)_4]$ und As_4S_4 in Toluol erhalten werden.[33] Die co-planar ausgerichteten Hanteln bilden eine Mittelebene mit starkem π-Bindungsanteil aus (Abbildung 1.9).

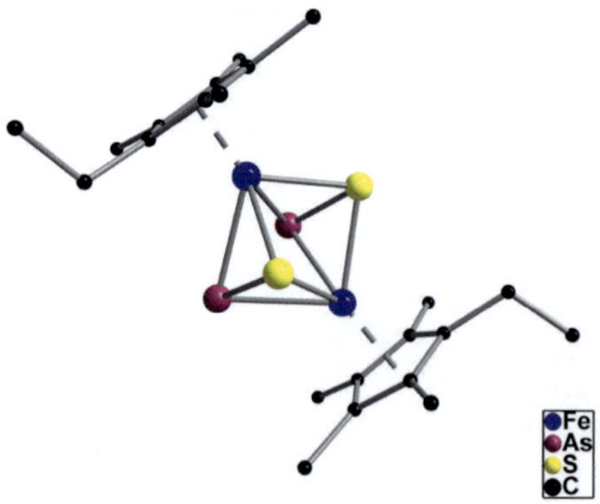

Abbildung 1.9. Struktur von $[(Cp^{Et}Fe)AsS]_2$.[33]

Durch die Kombination von Co(II)-Salzen mit Triphos und As_4S_3 konnten von Di Vaira *et al.* dreiatomige AsS-Liganden realisiert werden. Die As_2S-Liganden entstehen durch die Fragmentierung von As_4S_3-Käfigmolekülen. Durch Reaktion mit einem

Überschuss an (triphos)Rh(I)-Salz konnte eine Transmetallierung beobachtet werden und die Verbindung $[(triphos)Co(As_2S)]^+$ reagiert unter Austausch der Metallatome zu $[((triphos)Rh)_2(As_2S)]^{2+}$ (Abbildung 1.10).[34]

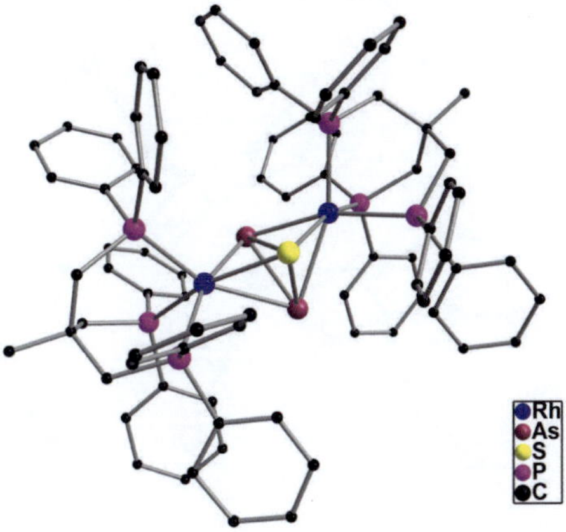

Abbildung 1.10. Struktur des Rh_2As_2S-Diakations.[34]

Der erste metallorganische Komplex mit einer AsS_3-Einheit konnte 1984 von Rauchfuss *et al.* durch die Reaktion von As_4S_4 mit $[(Cp^{Me})_2TiCl_2]$ (Cp^{Me} = MeC_5H_4) erhalten werden.[35] Beispiele mit vollständig erhaltenem As_4S_3- oder As_4S_4-Käfig sind nur für wenige Verbindungen bekannt. Aus der Reaktion von $[Cp^{Et}{}_2Co_2(CO)_2]$ mit As_4S_3 resultiert der Komplex $[Cp^{Et}Co(CO)As_4S_3]$, welcher jedoch nur als Nebenprodukt in geringer Ausbeute anfällt (Schema 1.4).[36] In höheren Ausbeuten konnte von Wachter *et al.* der intakte As_4S_3-Käfig in Form des Lewis-Säure-Base-Addukts $[As_4S_3{\cdot}Cr(CO)_5]$ dargestellt werden.[37]

$$Cp^{Et}{}_2Co_2(CO)_2 + As_4S_3$$

$$\downarrow$$

	$[Co](CO)_2$	+ $[Co](CO)As_2S_2$	+ $[Co]As_2S_3$	+ $[Co]As_2S_4$	+ $[Co]As_4S_2$	+ $[Co](CO)As_4S_3$
Ausbeute:	10 %	14 %	8 %	10 %	12 %	3 %

$[Co] = Cp^{Et}Co$

Schema 1.4. Darstellung von $[Cp^{Et}Co(CO)_xAs_yS_z]$ mit Ausbeuten.[36]

Ein erster Hinweis auf die Aktivierung eines intakten As_4S_4-Moleküls war die Insertion eines Co-Fragments in eine der beiden As-As-Bindungen eines Realgarmoleküls. Die Insertion führt zu einer Vergrößerung des As-As-Abstandes und einer Aufweitung der entsprechenden Winkel (Abbildung 1.11).[36]

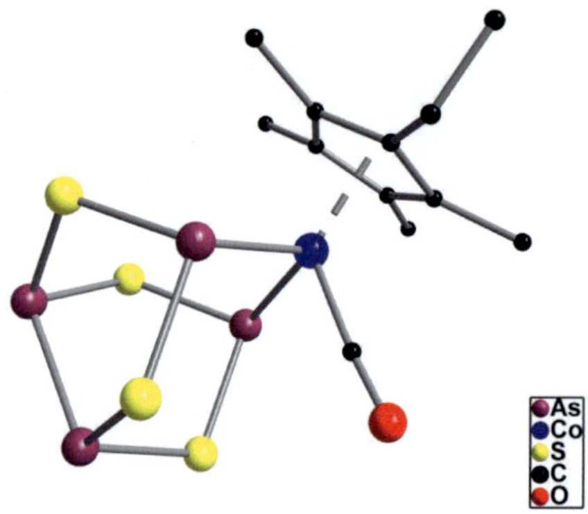

Abbildung 1.11. Struktur von $[Cp^{Et}Co(CO)As_4S_4]$.[36]

Einen um zwei Metallatome vergrößerten As_4S_4-Käfig konnte von Wachter *et al.* aus der Reaktion von $[Cp^{Et}Ru_2(CO)_4]$ mit Realgar erhalten werden (Abbildung 1.12).[38] Die Struktur von $[Cp^{Et}{}_2Ru_2As_4S_4]$ besteht aus einem $Ru_2As_4S_4$-Käfig, der auf einer Seite durch die sterisch anspruchsvollen Cp^{Et}-Liganden abgeschirmt ist. Ein Vergleich der Struktur mit bekannten As_4S_4-Modifikationen ergibt eine strukturelle Beziehung zu Pararealgar.[39]

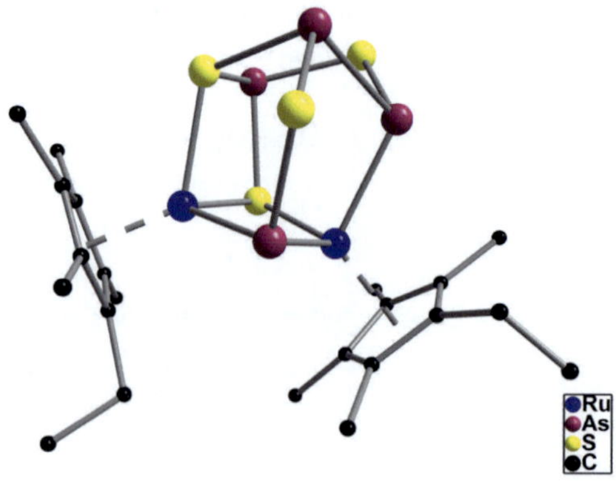

Abbildung 1.12. Struktur von $[Cp^{Et}{}_2Ru_2As_4S_4]$.[38]

Das bei der Reaktion von Realgar mit $[Cp^{Et}{}_2Ru_2(CO)_4]$ entstehende Nebenprodukt $[Cp^{Et}{}_2Ru_2As_4S_2]$ bildet einen $Ru_2(As_2S)_2$-Kern, in welchem zwei Kanten von je einem Schwefelatom überkappt werden. Die co-planare Anordnung der beiden As_2S-Liganden führt zu einer sandwichartigen Struktur.[38]

Die von Wachter *et al.* beschriebene Reaktion des Übergangsmetallhydrids $[Cp`_2NbH_3]$ mit Realgar führt zu der Bildung des Dimers $[(Cp`Nb)_2As_2S_6]$ (Cp` = *t*-$BuC_5H_4$).[40] Hierbei sind zwei Cp`Nb-Einheiten symmetrisch durch einen $\mu,\eta^{2:2}$-AsS_3-Liganden, eine Monosulfid- und eine heteroallylische $\mu,\eta^{2:2}$-AsS_2-Einheit verbrückt. Die Umsetzung dieses Komplexes mit $[W(CO)_5(thf)]$ führt zu der Verbindung $[(Cp`Nb)_2As_2S_6W(CO)_3{\cdot}W(CO)_5]$ (Abbildung 1.13). Der Kern besteht aus einem heterokubanartigem Nb_2WS_4As-Cluster, in welchem ein Metallatom durch ein Arsenatom substituiert ist. Das $W(CO)_3$-Fragment wird über die zwei Schwefelatome der AsS_2-Brücke und das einzelne Sulfid koordiniert.

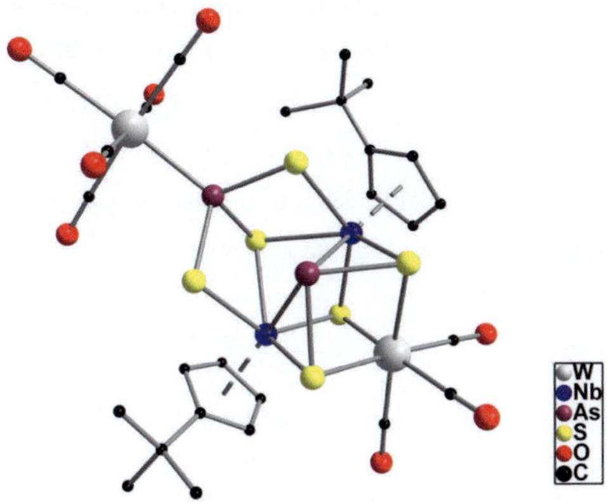

Abbildung 1.13. Struktur von $[(Cp`Nb)_2As_2S_6W(CO)_3{\cdot}W(CO)_5]$.[40]

Mit dem Wolframhydrid $[Cp_2WH_2]$ reagiert Realgar zu dem Komplex $[Cp_2W(H)(As_5S_2)]$ (Schema 1.5).[40] Der As_5S_2-Käfig vervollständigt die Reihe As_4S_3, $As_5S_2^-$, As_6S^{2-} und As_7^{3-}, in welcher die Anionen durch Substitution der Schwefelatome durch ein oder mehrere Arsenatome erhalten werden.

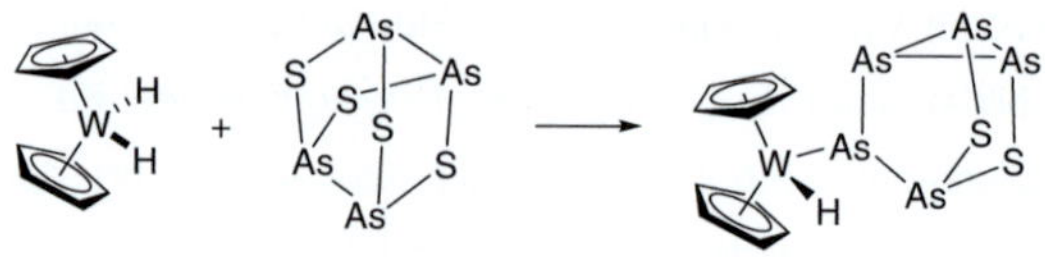

Schema 1.5. Darstellung von $[Cp_2W(H)(As_5S_2)]$.[40]

1.4.1 Arsensulfide und Kupfer(I)-Halogenide

Über die Bildung von Koordinationspolymeren durch Umsetzung von metallorganischen Arsensulfidkomplexen mit Cu(I)-Halogeniden wurde erstmals 2007 von Wachter *et al.* berichtet. Aus der Reaktion des Tripeldeckerkomplexes $[Cp^*{}_2Mo_2As_2S_3]$ mit Cu(I)X (X = Cl, Br) konnte jeweils ein S-förmiges 1-D-Polymer $[(Cp^*Mo)_2As_2S_3(CuX)_2]_n$ erhalten werden.[41] Die Polymere bestehen jeweils aus $[(Cp^*Mo)_2(\mu,\eta^2\text{-}AsS)_2(\mu\text{-}S)]$-Einheiten, die durch Cu_2X_2-Ringeinheiten über das Monosulfid verknüpft sind. Der alternierende Einbau von planaren Cu_2X_2- und butterflyartigen Cu_2X_2-Einheiten führt zu der S-Form des Polymers. Ein $(CuI)_7$-Kern konnte über die Reaktion des Tripeldeckers mit Cu(I)-Iodid erhalten werden (Abbildung 1.14). Drei $[(Cp^*Mo)_2As_2S_3]$-Einheiten verbrücken über die freien Elektronenpaare der Monosulfidbrücke drei butterflyartige Cu_2I_2-Ringe. Das zentrale Cu-Atom ist tetraedrisch von vier Iodatomen umgeben.

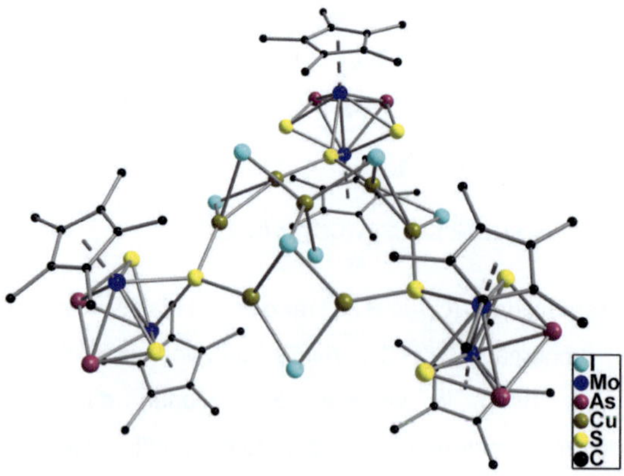

Abbildung 1.14. Struktur von $[\{(Cp^*Mo)_2As_2S_3\}_3(CuI)_7]$.[41]

Überschichten einer Mischung aus $[PAs_3S_3{\cdot}W(CO)_5]$ und $[As_4S_3{\cdot}Cr(CO)_5]$ in Dichlormethan mit einer CuX-Lösung (X = Cl, Br, I) führt zu $[(CuX)(As_4S_4)(PAs_3S_3)]_n$ (X = Cl, Br) und $[(CuI)_3(As_4S_4)(PAs_3S_3)]_n$. Diese Verbindungen stellen die ersten Beispiele dar, welche einen aus Lösung erhaltenen intakten As_4S_4-Käfig aufweisen (Abbildung 1.15).[42] Die Verbindungen bilden kettenartige Koordinationspolymere aus. Im Falle von CuCl und CuBr wird das Rückgrat durch Realgar-Käfige, die über ein Schwefelatom mit einem Kupferatom verknüpft sind, gebildet. Der PAs_3S_3-Käfig koordiniert über das apikale P-Atom ebenfalls an ein Kupferatom, wodurch dieses pseudotetraedrisch koordiniert wird. Im Fall von CuI wird das Rückgrat durch Cu_3I_3-Einheiten gebildet. Die bizyklische Cu_3I_3-Einheit wird dabei über das P-Atom eines PAs_3S_3-Käfigs und von zwei $\mu,\eta^{1:2}$-As_4S_4-Käfigen koordiniert.

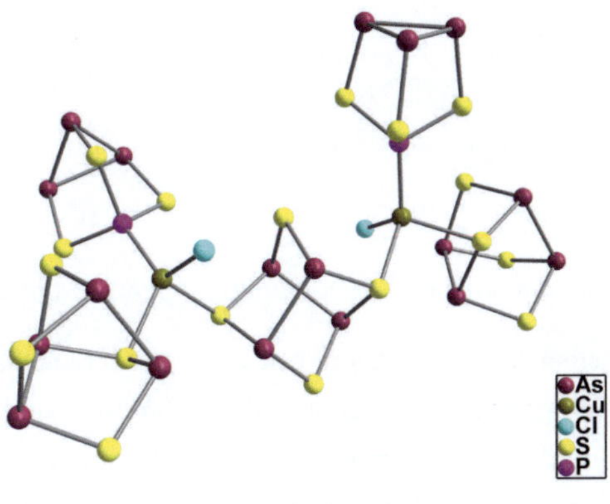

Abbildung 1.15. Intakter As_4S_4-Käfig in $[(CuCl)(As_4S_4)(PAs_3S_3)]_n$.[42]

2 Aufgabenstellung

Vor kurzem konnten durch unsere Arbeitsgruppe die ersten Beispiele für eine Sm(II) induzierte intermolekulare als auch intramolekulare P-P-Bindungsknüpfung realisiert werden.[29-30] Die Übertragung eines Elektrons der Lanthanoidatome auf die Übergangsmetallpolyphosphide führte dabei zur Bildung neuer P-P-Bindungen. Ziel dieser Arbeit ist die Ausweitung unserer Studien zur P-P-Bindungsknüpfung. Hierfür soll die Synthese neuartiger Lanthanoid-Polyphosphid-Komplexe durch die Reaktion von $[CpMo(CO)_2P]_2$ (**A**) und $[Cp^*Mo(CO)_2P_3]$ (**B**) mit den zweiwertigen Lanthanoidverbindungen $[Cp^*_2Ln(thf)_2]$ (Ln = Sm, Yb) untersucht werden (Schema 2.1).

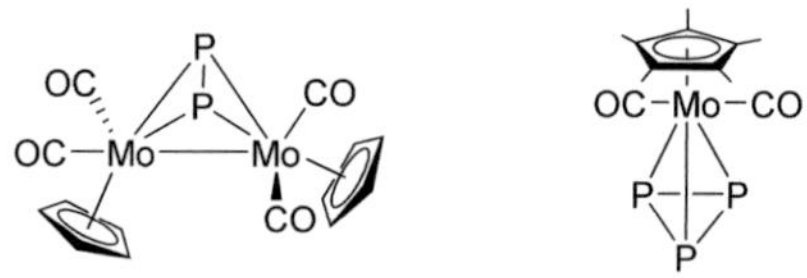

A **B**

Schema 2.1. Zu untersuchende Verbindungen $[CpMo(CO)_2P]_2$ (**A**) und $[Cp^*Mo(CO)_2P_3]$ (**B**).

In der Übergangsmetallchemie besteht seit längerem ein Interesse zum Aufbau von ÜM-Komplexen mit gemischten Gruppe 15/ Gruppe 16-Liganden, welche u. a. als Bausteine in Koordinationspolymeren dienen.[31,40] Aufgrund der beobachteten Fragmentierung durch reaktive Übergangsmetallverbindungen, ist As_4S_4 ein geeignetes Ausgangsreagenz zum Aufbau von Komplexen mit AsS-Liganden. Im zweiten Teil dieser Arbeit sollen zunächst, durch Reaktion der neutralen Käfigmoleküle As_4S_4 (**C**) und As_4S_3 (**D**) mit zweiwertigen Lanthanoidverbindungen, neuartige Ln-As-S-Verbindungen dargestellt werden (Schema 2.2). Anschließend soll die Reaktivität der dargestellten Komplexe gegenüber Cu(I)-Verbindungen untersucht werden.

C **D**

Schema 2.2. Verwendete Ausgangsstoffe für die Synthese von Ln-As-S-Verbindungen.

3 Ergebnisse und Diskussion

3.1 Lanthanoid-Phosphor-Komplexe

Als Ein-Elektronen-Reduktionsmittel findet Samariumdiiodid (SmI_2) seit 1980 Anwendung in der organischen Chemie.[43] Viele Beispiele für eine SmI_2 induzierte C-C-Bindungsknüpfung wurden seither berichtet.[44-46] Aufgrund der Isolobal-Beziehung zwischen einem Phosphoratom und einem CH-Fragment, untersucht neben anderen auch unser Arbeitskreis die Möglichkeit zur Knüpfung von P-P-Bindungen unter Einsatz von zweiwertigen Ln-Verbindungen. Durch die Reaktion mit Übergangsmetallpolyphosphiden konnten vor kurzem die ersten Beispiele für Sm(II) induzierte intermolekulare sowie intramolekulare P-P-Bindungsknüpfungen realisiert werden.[29-30] Im ersten Teil dieser Arbeit soll die Reaktivität des dimeren Übergangsmetallpolyphosphids $[CpMo(CO)_2P]_2$ und des Cyclotriphosphans $[Cp^*Mo(CO)_2P_3]$ gegenüber zweiwertigen Lanthanoidverbindungen untersucht werden.

3.1.1 Darstellung von Samarium-Polyphoshid-Komplexen mit $[CpMo(CO)_2P]_2$

Das Hauptprodukt der Reduktion von $[CpMo(CO)_2P]_2$ mit dem zweiwertigen Lanthanoidkomplex $[Cp^*_2Sm(thf)_2]$ stellt die Verbindung $[(Cp^*Sm)_2P_2(CpMo(CO)_2)_4]$ (**1**) dar. Zusätzlich konnten die beiden Verbindungen $[(Cp^*_2Sm)_2P_4(CpMo(CO)_2)_2]$ (**2**) und $[(Cp^*_2Sm)_3P_5(CpMo(CO)_2)_3]$ (**3**) als Nebenprodukte erhalten werden. Die Edukte wurden in Toluol für sieben Tage auf 60 °C erwärmt (Schema 3.1). Die dunkelrote Lösung wurde dekantiert und durch fraktionierende Kristallisation konnte die Verbindung **1** isoliert und für eine Einkristallröntgenstrukturanalyse geeignete Kristalle in einer Ausbeute von 7 % erhalten werden. Weiteres langsames Einengen der Mutterlösung führte zu einem Gemisch aus Kristallen der Verbindungen **1**, **2** und **3** sowie einem nicht weiter identifizierten, schwerlöslichen Pulver. Die Trennung von **2** und **3** schlug bislang fehl.

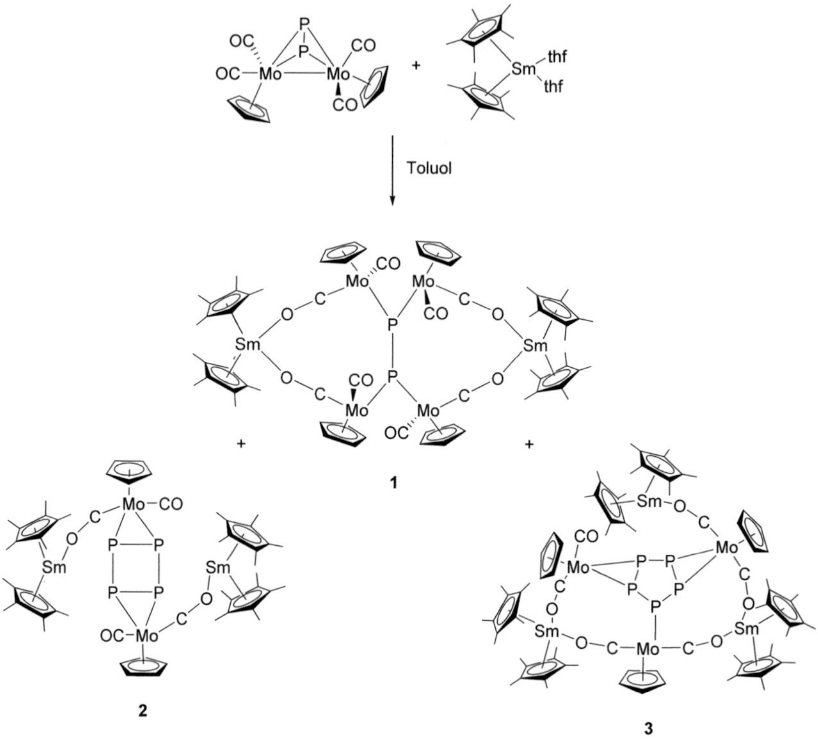

Schema 3.1. Synthese der Verbindungen **1**, **2** und **3**.

Die Verbindung **1** wurde mittels IR- und NIR-Spektroskopie charakterisiert. Die Festkörperstruktur wurde durch Einkristallröntgenstrukturanalyse bestimmt. Die Verbindungen **2** und **3** konnten nicht rein isoliert werden. Daher konnten nur ihre Festkörperstrukturen bestimmt werden.

Verbindung **1** kristallisiert in der triklinen Raumgruppe $P\bar{1}$ mit einem Molekül Komplex in der Elementarzelle. Die Verbindung bildet zwei neungliedrige Metallazyklen, die über eine zentrale P_2-Brücke verknüpft sind (Abbildung 3.1). Die beiden Metallazyklen bestehen jeweils aus einem Sm- und zwei Mo-Atomen. Die beiden Mo-Fragmente werden über die P_2-Einheit verknüpft und koordinieren über je einen CO-Liganden an die Sm-Atome.

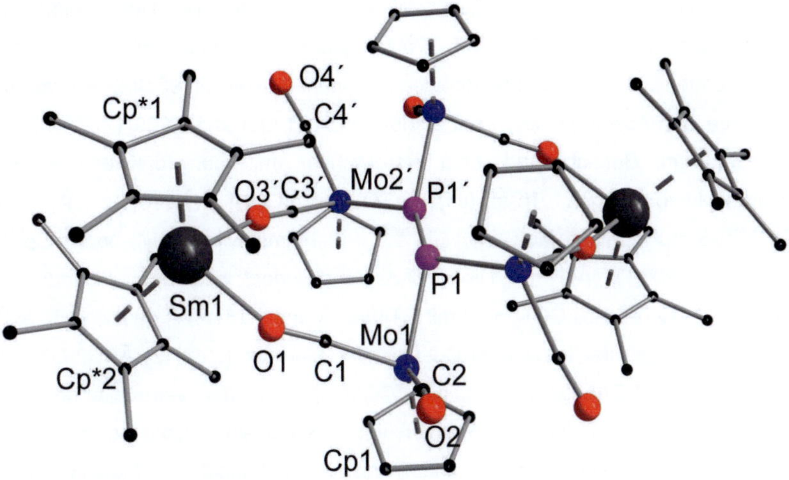

Abbildung 3.1. Molekülstruktur von Verbindung **1** im Festkörper ohne Darstellung der Wasserstoffatome. Ausgewählte Abstände [Å] und Winkel [°]: Sm1-Mo1 5.241(6), Sm1´-Mo2 5.413(7), Sm1-O1 2.380(7), Sm1´-O3 2.354(7), Sm1-P1 5.269(14), Sm1-P1´ 5.726(14), Sm1-C(Cp*1)(av.) 2.694, Sm1-Cp*1(Rmp) 2.411(5), Sm1-C(Cp*2)(av.) 2.686, Sm1-Cp*2(Rmp) 2.402(8), C1-O1 1.185(11), C2-O2 1.142(12), C3-O3 1.209(12), C4-O4 1.158(12), Mo1-Mo2 3.192(14), Mo1-C1 1.899(9), Mo1-C2 1.985(11), Mo2-C3 1.877(9), Mo2-C4 1.970(10), Mo1-P1 2.366(2), Mo2-P1 2.365(2), Mo1-C(Cp1)(av.) 2.361, Mo1-Cp1(Rmp) 2.024(4), Mo2-C(Cp2)(av.) 2.351, Mo2-Cp2(Rmp) 2.035(5), P1-P1´ 2.032(5); C1-Mo1-C2 83.65(8), C3-Mo2-C4 79.49(15), C1-Mo1-Mo2 111.51(10), C2-Mo1-Mo2 71.38(11), C3-Mo2-Mo1 105.27(8), C4-Mo2-Mo1 73.52(11), C1-Mo1-P1 87.58(10), C2-Mo1-P1 108.72(2), C3-Mo2-P1 84.44(7), C4-Mo2-P1 111.11(3), Mo1-C1-O1 175.59(7), Mo1-C2-O2 175.28(7), Mo2-C3-O3 178.67(9), Mo2-C4-O4 173.95(8), Mo1-Mo2-P1 47.57(6), O1-Sm1-O3´ 83.28(6).

Der P-P-Abstand liegt mit 2.032(5) Å im Bereich einer P-P-Doppelbindung und ist im Vergleich zum Edukt $[CpMo(CO)_2P]_2$ (P-P 2.079(2) Å) lediglich leicht verkürzt.[47-48] Verglichen mit den Mo-P-Bindungen des Eduktes (2.552(1) Å und 2.463(1) Å) sind die Mo-P-Bindungen von **1** mit 2.366(2) Å für Mo1-P1 sowie 2.365(2) Å für Mo2-P1 deutlich verkürzt. Ein verbrückender CO-Ligand, ein terminaler CO-Ligand, ein Phosphoratom der zentralen P_2-Einheit und ein Cp-Ligand bilden in **1** die tetraedrische Koordinationsumgebung des Mo-Atoms. Die Winkel, welche von den verbrückenden bzw. terminalen CO-Liganden und dem Mo-Atom aufgespannt werden, sind mit 83.65(8)° für C1-Mo1-C2 sowie 79.49(15)° für C3-Mo2-C4 gegenüber dem im Edukt (87.32(15)°) verkleinert. Der Mo1-C1-O1-Winkel ist mit

175.59(7)° kleiner als der Mo2-C3-O3-Winkel (178.67(9)°). Die Unterschiede der Winkel sind wahrscheinlich auf Packungseffekte zurückführen. Die zwei verbrückenden CO-Liganden koordinieren mit einem Winkel von 83.3(2)° an das Sm-Atom. Ihre C-O-Abstände liegen mit 1.185(11) Å (C1-O1) und 1.209(12) Å (C3-O3) im erwarteten Bereich und sind vergleichbar mit den dreiwertigen Sm-Isocarbonylverbindungen [(SmI$_2$(thf)$_4$)(μ-CO)(CpMo(CO)$_2$] (1.220(12) Å) und [(Tp^{Me,Me})$_2$Sm(μ-CO){Cp^{Me}Mo(CO)$_2$}] (Tp^{Me,Me} = (2,4-dimethylpyrazolyl)$_3$borat), Cp^{Me} = MeC$_5$H$_4$) (1.206(7) Å).[49-50] Die CO-Abstände der Isocarbonyl-Liganden in [(Cp*$_2$Sm)$_2$(μ-CO)$_4$Fe$_6$S$_6$(CO)$_8$] sind mit 1.149(6) Å und 1.151(6) Å deutlich kürzer.[51] Die CO-Bindungen der terminalen CO-Liganden sind mit 1.142(12) Å (C2-O2) und 1.158(12) Å (C4-O4) gegenüber den CO-Bindungen der verbrückenden CO-Liganden um durchschnittlich 0,05 Å verkürzt, was auf eine leichte Abschwächung der CO-Bindung im Zuge der Koordination an die Lanthanoid- und Molybdänatome deutet. Die beobachteten kürzeren Mo-C Bindungen der verbrückenden CO-Liganden mit 1.899(9) Å (Mo1-C1) und 1.877(9) Å (Mo2-C3) gegenüber den Mo-C-Bindungen der terminalen CO-Liganden mit 1.985(11) Å (Mo1-C2) und 1.970(10) Å (Mo2-C4) wurden ebenfalls für die Verbindungen [(SmI$_2$(thf)$_4$)(μ-CO)(CpMo(CO)$_2$] und [(Tp^{Me,Me})$_2$Sm(μ-CO){Cp^{Me}Mo(CO)$_2$}] berichtet.[49-50] Dieser Umstand liegt in einem carben-ähnlichen Charakter der verbrückenden Carbonylgruppen begründet.[52] Beide Lanthanoidatome sind tetraedrisch von zwei Cp*-Ringen und zwei Sauerstoffatomen der verbrückenden CO-Liganden umgeben. Durch die Oxidation des Samariums sind die mittleren Sm1-C(Cp*)-Abstände mit 2.694 Å (Sm1-C(Cp*1)(av.)) und 2.686 Å (Sm1-C(Cp*2)(av.)) im Vergleich zum Edukt [Cp*$_2$Sm(thf)$_2$] (2.864(5) Å) um ca. 0.18 Å verkürzt. Die mittleren Sm-C(Cp*)-Abstände sind mit jenen Abständen vergleichbar, welche für die Verbindung [Cp*$_2$SmCl(thf)] (2.71 Å und 2.72 Å) berichtet wurden.[53] Die Sm-O Bindungen (Sm1-O1 2.380(7) Å und Sm1-O3 2.354(7) Å) liegen im gleichen Bereich, wie für die Sm-O Bindung der Verbindung [(Tp^{Me,Me})$_2$Sm(μ-CO){Cp^{Me}Mo(CO)$_2$}] (2.335(4) Å) berichtet.[50] Die innerhalb eines Metallazyklus durch die Metallatome Sm1, Mo1 und Mo2´ aufgespannte Ebene ist co-planar zu der von Sm1´, Mo1´ und Mo2 aufgespannten Ebene. In der Seitenansicht ergibt sich daraus eine Art Sesselkonformation (Abbildung 3.2).

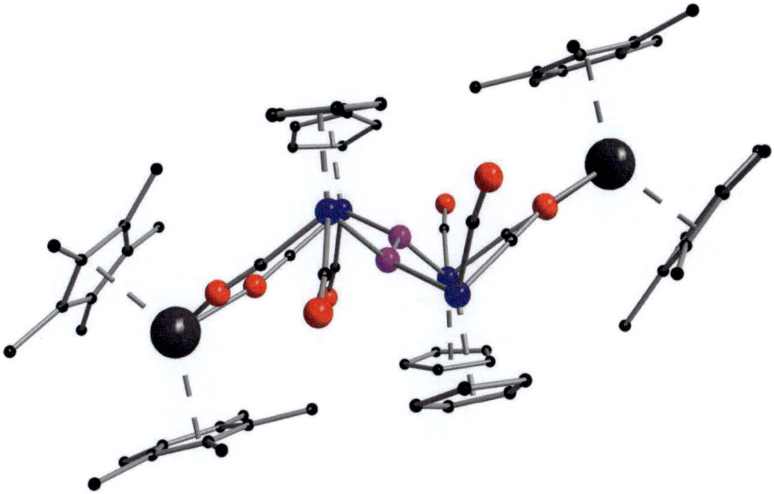

Abbildung 3.2. Seitenansicht der Molekülstruktur von Verbindung **1** im Festkörper ohne Darstellung der Wasserstoffatome.

Das IR-Spektrum der Verbindung **1** zeigt die $\tilde{\nu}$(CO) Streckschwingungen als starke Banden bei 1945 cm^{-1}, 1905 cm^{-1} und 1871 cm^{-1} (Abbildung 3.3). Diese Banden können den terminalen CO-Liganden zugeordnet werden und liegen im selben Bereich der CO-Schwingungen des Eduktes $[CpMo(CO)_2P]_2$ (1965 cm^{-1}, 1913 cm^{-1}).[47] Die Streckschwingungen der verbrückenden CO-Liganden sind in vergleichbaren Verbindungen, z.B. $[(Tp^{Me,Me})_2Sm(\mu\text{-}CO)\{(Cp^{Me}Mo(CO)_2\}]$ (1650 cm^{-1}), zu niedrigeren Wellenzahlen verschoben.[50,54-55] Das beobachtete Spektrum von **1** zeigt starke Banden bei 1683 cm^{-1} und 1636 cm^{-1}, welche den Streckschwingungen der verbrückenden CO-Liganden zugeordnet werden.

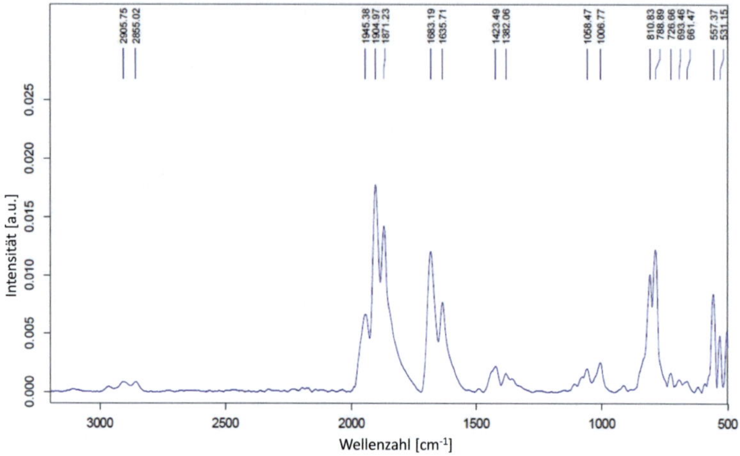

Abbildung 3.3. IR-Spektrum von Verbindung **1**.

Absorptionsspektren der dreiwertigen Lanthanoidionen werden durch Übergänge zwischen den *4f*-Zuständen bestimmt. Die *4f*-Valenzelektronen der Lanthanoide werden durch die *5s*- und *5p*-Elektronen effektiv gegenüber äußeren Feldern abgeschirmt. Allerdings führt der Einfluss des Ligandenfeldes in Kristallen zur Aufspaltung der J-Niveaus in sogenannte Stark-Level. Das Ligandenfeld führt bei den Lanthanoiden allerdings zu recht kleinen Aufspaltungen von einigen 100 cm^{-1}. [56] Infolge dessen hat die chemische Umgebung nur einen geringen Einfluss und die NIR-Spektren von Ln(III)-Komplexen zeigen ein charakteristisches Absorptionsmuster (Abbildung 3.4).[57-58] Bei zweiwertigen Lanthanoiden werden auch *4f→5d* Übergänge beobachtet, was zu breiten Absorptionsbanden führt. Aufgrund der unterschiedlichen spektroskopischen Eigenschaften zwischen zweiwertigen und dreiwertigen Lanthanoidionen kann ihre Oxidationsstufe durch NIR-Spektroskopie bestimmt werden.

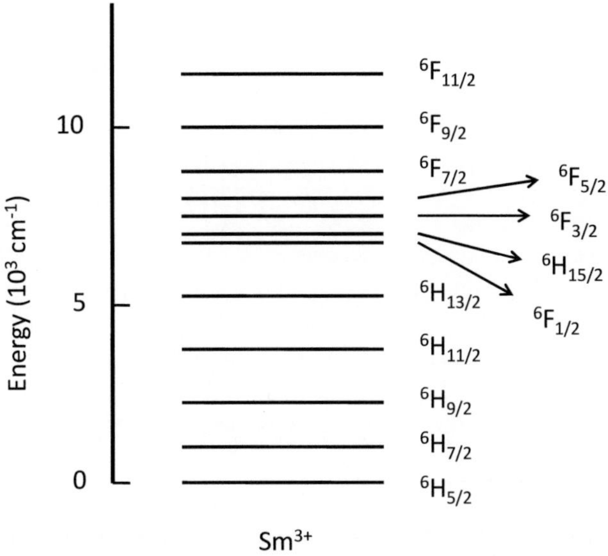

Abbildung 3.4. Schematische Darstellung der Energieniveaus von Sm(III).

Das NIR-Spektrum von **1** zeigt ein charakteristisches Absorptionsmuster für Sm(III)-Verbindungen (Abbildung 3.5). Die Bande bei 9318 cm^{-1} wird dabei dem $^6H_{5/2} \rightarrow {}^6F_{9/2}$ Übergang zugeordnet. Die starke Bande bei 8048 cm^{-1} wird dem Übergang in den $^6F_{7/2}$ Zustand zugeordnet. Die Banden bei 7337 cm^{-1} und 6389 cm^{-1} entsprechen dem Übergang in den $^6F_{5/2}$ bzw. $^6F_{1/2}$ Zustand. Das Spektrum ist vergleichbar mit den berichteten NIR-Spektren von [{(DIP$_2$pyr)Sm(thf)$_2$}P$_5$(Cp*Fe)] und Sm(III)/POCl$_3$/ZrCl$_4$.[28,59]

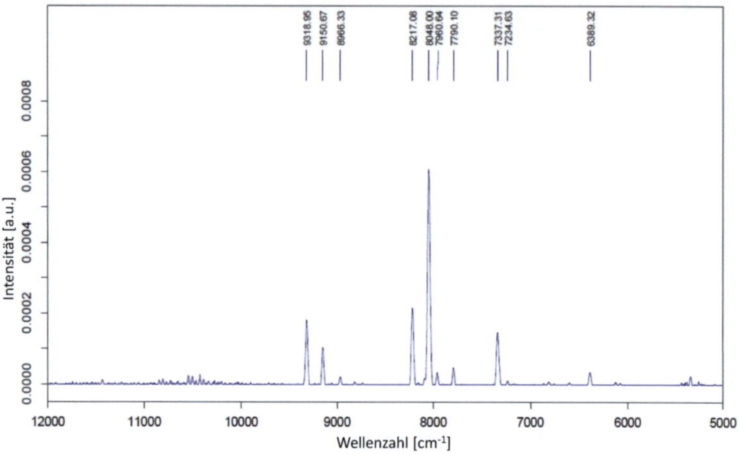

Abbildung 3.5. NIR-Spektrum von Verbindung **1**.

Der Komplex **2** kristallisiert in der triklinen Raumgruppe $P\bar{1}$ mit einem Molekül Komplex in der Elementarzelle. **2** besteht aus einem P_4-Kern und zwei $(Cp^*_2Sm)(CpMo(CO)_2)$-Fragmenten. Die Kristallstruktur weist einen planaren cyclo-P_4-Ring auf, der mit jeweils zwei Phosphoratomen im η^2-Modus side-on an zwei $CpMo(CO)_2$-Einheiten koordiniert (Abbildung 3.6). Die P-P-Bindung der koordinierenden P-Einheiten (P1-P2) ist mit 2.151(4) Å deutlich kürzer als die der nichtkoordinierenden (P1-P2´) mit 2.265(3) Å. Im Mittel liegen die P-P-Abstände mit 2.208(14) Å im Bereich einer Einfachbindung und sind im Vergleich mit der P-P-Bindung im Edukt $[CpMo(CO)_2P]_2$ (2.079(2) Å) deutlich verlängert.[47,60-61] Die Innenwinkel des P_4-Parallelogramms betragen 88.29(13)° und 91.71(13)°. Der Winkel zwischen dem P_4-Ring und der von den Sm- und Mo-Atomen aufgespannten Ebene beträgt 65.34(1)°.

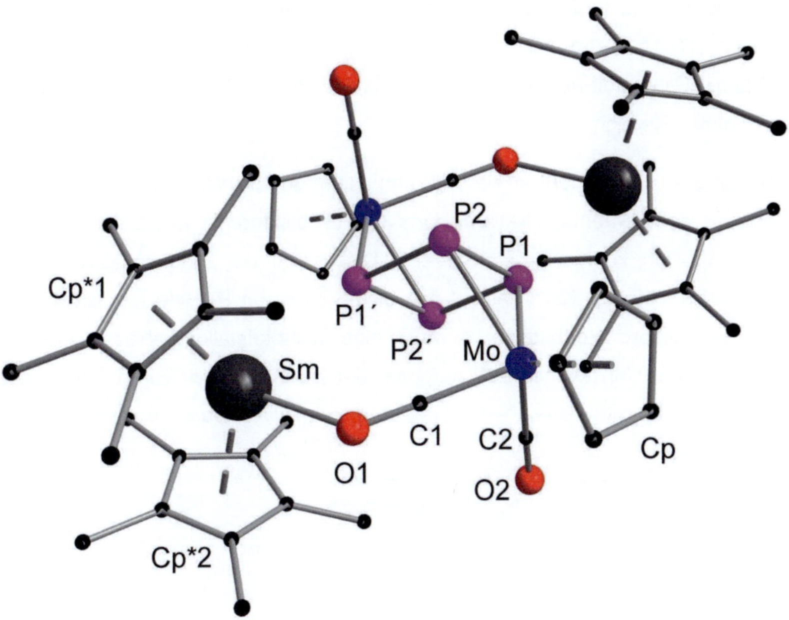

Abbildung 3.6. Molekülstruktur von Verbindung **2** im Festkörper ohne Darstellung der Wasserstoffatome. Ausgewählte Abstände [Å] und Winkel [°]: Sm-Mo 5.02(2), Sm-O1 2.388(7), Sm-P1 3.016(3), Sm-P2 4.561(11), Sm-C(Cp*1)(av.) 2.704, Sm-Cp*1(Rmp) 2.422(6), Sm-C(Cp*2)(av.) 2.711, Sm-Cp*2(Rmp) 2.425(6), C1-Mo 1.875(12), C2-Mo 1.968(11), C1-O1 1.211(13), C2-O2 1.171(13), Mo-P2 2.551(3), Mo-P1 2.525(3), Mo-C(Cp)(av.) 2.355, Mo-Cp(Rmp) 2.026(7), P1-P2 2.151(4), P1-P2´ 2.265(3); Sm-O1-C1 131.7(2), C1-Mo-C2 84.2(2), C1-Mo-P1 107.63(12), C1-Mo-P2 79.6(2), C2-Mo-P1 79.91(14), C2-Mo-P2 117.69(13), Mo1-C1-O1 176.6(2), Mo1-C2-O2 176.9(2), Mo-P1-P2 65.56(12), Mo-P1-P2´ 107.8(2), P1-Mo1-P2 50.14(9), P1-P2-Mo1 64.31(10), P1-P2´-Mo1 106.08(12), P1-P2-P1´ 88.29(13).

In Verbindung **2** bilden zwei CO-Liganden und die zwei side-on koordinierenden Phosphoratome die Basis einer quadratischen Pyramide in deren Zentrum sich ein Mo-Atom befindet. Die apikale Position wird von einem Cp-Liganden eingenommen. Der verbrückende CO-Ligand fungiert, wie in Verbindung **1**, als Linker zwischen dem Mo- und dem Sm(III)-Fragment. Analog zu Verbindung **1** ist auch in **2** die Mo-C(CO)-Bindung des verbrückenden CO-Liganden mit 1.875(12) Å (Mo-C1) um ca. 0.09 Å kürzer als die Mo-C(CO)-Bindung zum terminalen CO-Liganden mit 1.968(11) Å (Mo-C2). Die C-O-Abstände des terminalen CO-Liganden mit 1.171(13) Å (C2-O2) und des verbrückenden CO-Liganden mit 1.211(13) Å (C1-O1) unterscheiden sich mit

0.04 Å geringfügig und sind vergleichbar mit den für **1** und dem Sm-Isocarbonyl-Komplex $[(Tp^{Me,Me})_2Sm(\mu\text{-}CO)\{(Cp^{Me}Mo(CO)_2\}]$ ermittelten Werten.[50] Auch der Lanthanoid-Sauerstoff-Abstand in **2** liegt mit 2.388(7) Å (Sm-O1) im bereits für **1** beobachteten Bereich.

Verbindung **3** kristallisiert in der triklinen Raumgruppe $P\bar{1}$ mit zwei Molekülen Komplex in der Elementarzelle (Abbildung 3.7). Da bislang nur verwachsene Kristalle erhalten werden konnten, wird auf eine Diskussion der Bindungsabstände und Winkel verzichtet. Der Kern besteht aus einem planaren P_5-Ring, der an drei Mo-Atome koordiniert. Verbindung **3** weist eine nicht-kristallographische C_2-Achse entlang der Sm2-Mo1-Achse auf. Aufgrund der zentrosymmetrischen Raumgruppe konnten beide Enantiomere innerhalb der Elementarzelle beobachtet werden.

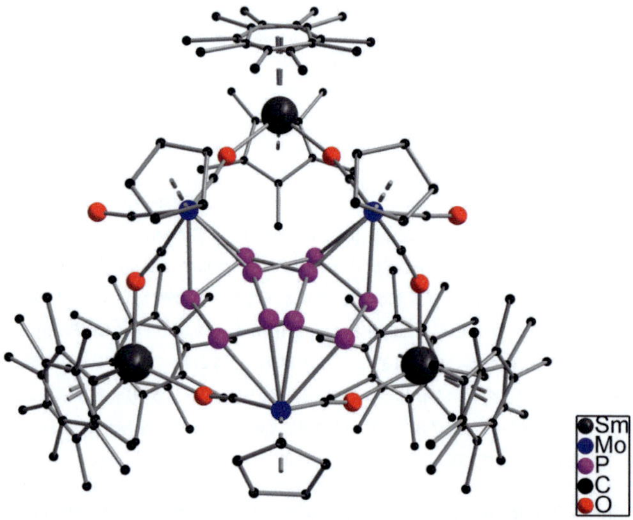

Abbildung 3.7. Molekülstruktur von **3** im Festkörper ohne Darstellung der Wasserstoffatome.

Um die Diskussion von **3** übersichtlicher zu gestalten, soll dies anhand der linken Molekülstruktur von Abbildung 3.8, in welcher beide Enantiomere getrennt dargestellt sind, geschehen.

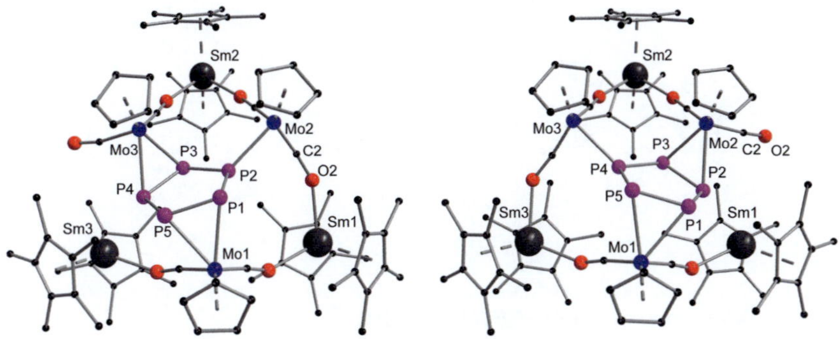

Abbildung 3.8. Molekülstruktur von Verbindung **3** im Festkörper ohne Darstellung der Wasserstoffatome. Der Übersichtlichkeit halber sind beide Enantiomere getrennt dargestellt.

Je zwei P-Atome koordinieren Mo1 (P1-P5) und Mo3 (P3-P4) side-on im η^2-Modus. Die beiden Phosphoratome und die zwei CO-Liganden der Mo-Atome bilden die Basis einer verzerrten quadratischen Pyramide und die apikale Position wird von einem Cp-Liganden eingenommen. Das dritte Mo-Atom (Mo2) ist tetraedrisch von zwei CO-Liganden, einem P-Atom (P2) des P_5-Kerns und einem Cp-Ring umgeben. Insgesamt verbrücken fünf CO-Liganden die Mo- mit den Sm-Fragmenten. Dadurch werden Sm1 und Sm2 tetraedrisch koordiniert und Sm3 wird trigonal von zwei Cp*-Liganden und einem CO-Liganden koordiniert. Durch die verbrückenden CO-Liganden werden zwei neungliedrige Metallazyklen geformt.

3.1.2 Darstellung von [(Cp*Yb)$_2$P$_2$(CpMo(CO)$_2$)$_4$] (4)

Der Komplex [(Cp*$_2$Yb)$_2$P$_2$(CpMo(CO)$_2$)$_4$] (**4**) entsteht durch die Reduktion des Polyphosphids [CpMo(CO)$_2$P]$_2$ mit [Cp*$_2$Yb(thf)$_2$]. Die Synthese von **4** verläuft analog zu der Darstellung von **1** (Schema 3.2). Aus der Umsetzung konnte, im Gegensatz zu der mit [Cp*$_2$Sm(thf)$_2$], allerdings nur **4** als einziges Produkt erhalten werden. Die Verbindung **4** wurde mittels IR- und NIR-Spektroskopie charakterisiert. Die Festkörperstruktur wurde durch Einkristallröntgenstrukturanalyse bestimmt.

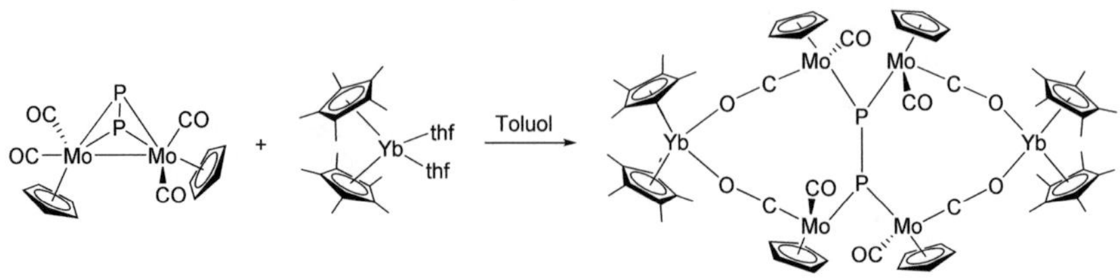

4

Schema 3.2. Synthese von $[(Cp^*_2Yb)_2P_2(CpMo(CO)_2)_4]$ (**4**).

Der Komplex **4** kristallisiert in der triklinen Raumgruppe $P\bar{1}$ mit einem Molekül Komplex in der Elementarzelle und ist isostrukturell zu Verbindung **1** (Abbildung 3.9). Die P-P-Bindung (P1-P2 2.007(4) Å) ist im Vergleich zum Edukt $[CpMo(CO)_2P]_2$ (2.079(2) Å) stark und im Vergleich zu **1** (2.032(5) Å) nochmals verkürzt.[47]

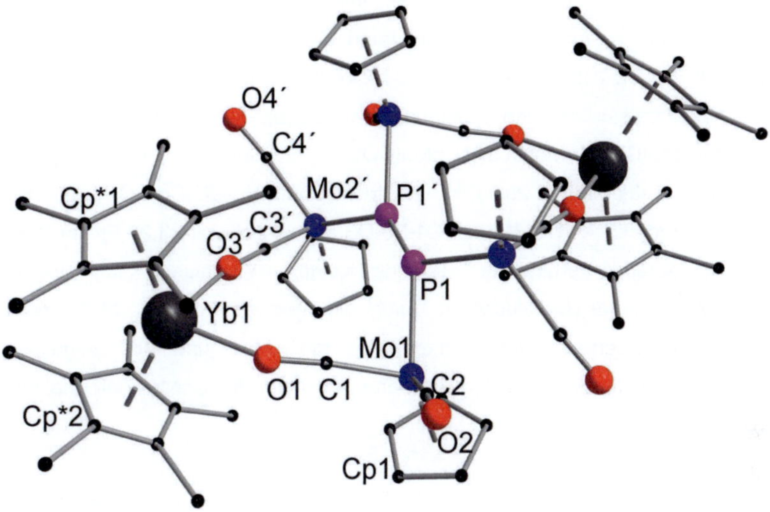

Abbildung 3.9. Molekülstruktur von Verbindung **4** im Festkörper ohne Darstellung der Wasserstoffatome. Ausgewählte Abstände [Å] und Winkel [°]: Yb1-Mo1 5.193(5), Yb1´-Mo2 5.296(5), Yb1-O1 2.246(5), Yb1´-O3 2.231(5), Yb1-Mo1 5.193(5), Yb1´-Mo2 5.296(5), Yb1-P1 5.312(5), Yb1-P1´ 5.599(6), Yb1-C(Cp*1)(av.) 2.601, Yb1-Cp*1(Rmp) 2.305(5), Yb1-C(Cp*2)(av.) 2.583, Yb1-Cp*2(Rmp) 2.293(4), C1-O1 1.229(8), C2-O2 1.160(9), C3-O3 1.198(8), C4-O4 1.171(10), Mo1-C1 1.863(7), Mo1-C2 1.974(8), Mo2-C3 1.892(7), Mo2-C4 1.968(9), Mo1-Mo2 3.207(9), Mo1-P1 2.362(2), Mo2-P1 2.358(8), Mo1-C(Cp)(av.) 2.344, Mo1-Cp1(Rmp) 2.029(4), Mo2-C(Cp)(av.) 2.353, Mo2-Cp2(Rmp) 2.033(5), P1-P1´ 2.007(4); C1-Mo1-C2 84.7(2), C1-Mo1-Mo2 109.8(2), C2-Mo1-Mo2 71.66(14), C3-Mo2-C4 82.56(15), C3-Mo2-Mo1 108.5(2), C4-Mo2-Mo1 73.37(15), O1-Yb-O3 83.48(5), O1-C1-Mo1 174.7(2), O2-C2-Mo1 173.50(10), O3-C3-Mo2 176.7(2), O4-C4-Mo2 174.78(10), P1-Mo2-Mo1 47.25(5), P1-P1´-Mo2 135.23(14), P1´-P1-Mo1 134.77(13), P1-Mo1-C1 85.64(15), P1-Mo1-C2 108.88(15), P1-Mo2-C3 86.0(2), P1-Mo2-C4 111.0(2).

Wie für die Sm-Verbindungen **1** und **2** beobachtet, sind auch in **4** die C-O-Abstände der verbrückenden CO-Liganden mit 1.229(8) Å (C1-O1) und 1.198(8) Å (C3-O3) etwas länger als die C-O-Bindungen der terminalen CO-Liganden mit 1.160(9) Å (C2-O2) und 1.171(10) Å (C4-O4). Dies deutet, wie in den Komplexen **1** und **2**, auf eine leichte Abschwächung der CO-Bindung im Zuge der Koordination an die Lanthanoid- und Molybdänatome. Die CO-Abstände der Isocarbonyl-Liganden in $[(Cp^*{}_2Yb)_2(\mu\text{-}CO)_4Fe_6S_6(CO)_8]$ sind mit 1.156(8) Å und 1.153(8) Å im Vergleich zu **4** deutlich kürzer.[51] Auch die Mo-C(CO)-Bindungen der verbrückenden CO-Liganden sind in **4** mit 1.892(7) Å (Mo1-C1) und 1.863(7) Å (Mo2-C3) um ca. 0.09 Å kürzer als die Mo-

C-Abstände der terminalen CO-Liganden mit 1.974(8) Å (Mo1-C2) und 1.968(9) Å (Mo2-C4). Wie zu erwarten, sind aufgrund des kleineren Ionenradius die Yb-O-Abstände (Yb-O2 2.231(5) Å und Yb-O4 2.246(5) Å) im Vergleich zu **1** kürzer. Die Yb-O-Abstände sind mit jenen Abständen vergleichbar, welche für die Verbindungen $[(HMPA)_5Yb(\mu\text{-}CO)(CpMo(CO)_2)][CpMo(CO)_3]_2$ (HMPA = Hexamethylphosphorsäuretriamid) (2.29(1) Å) und $[(Cp^*_2Yb(thf))(\mu\text{-}CO)Co(CO)_3]$ (2.258(2) Å) berichtet wurden.[62-63] Der Winkel O1-Yb-O3 ändert sich mit 83.28(5)° im Vergleich zur isostrukturellen Verbindung **1**, trotz des kleineren Ytterbiums, kaum. Wie in **1** ist die innerhalb eines Metallazyklus durch die Metallatome Yb1, Mo1 und Mo2´ aufgespannte Ebene co-planar zu der von Yb1´, Mo1´ und Mo2 aufgespannten Ebene, was in der Seitenansicht wiederum zu einer Art Sesselkonformation führt (Abbildung 3.10).

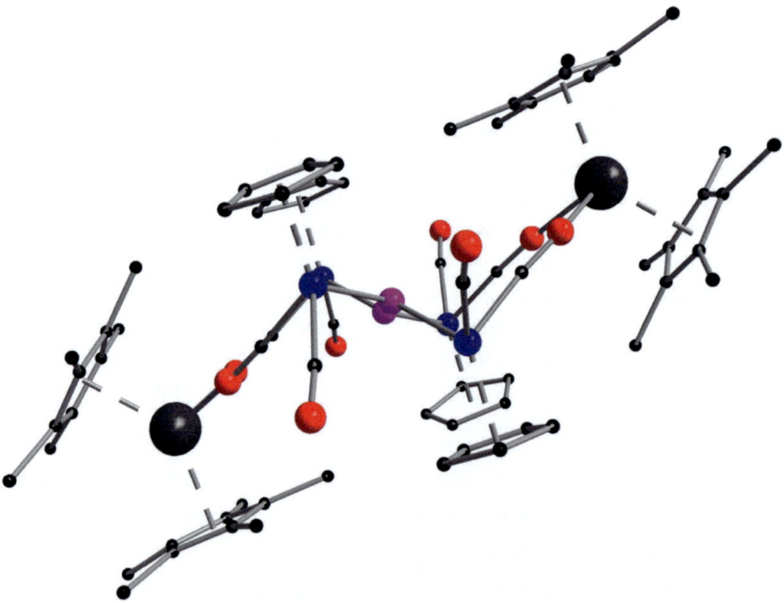

Abbildung 3.10. Seitenansicht der Molekülstruktur von Verbindung **4** im Festkörper ohne Darstellung der Wasserstoffatome.

Das IR-Spektrum von **4** zeigt starke Banden bei 1906 cm^{-1} und 1873 cm^{-1}, welche den Streckschwingungen der terminalen CO-Gruppen zugeordnet werden (Abbildung

3.11). Sie liegen im selben Bereich, wie die CO-Streckschwingungen der terminalen CO-Liganden in **1** und $[(Tp^{Me,Me})_2Sm(\mu\text{-}CO)\{(Cp^{Me}Mo(CO)_2\}]$ (1920 cm^{-1}, 1810 cm^{-1}).[50] Die Banden der verbrückenden CO-Liganden liegen bei 1687 cm^{-1} und 1638 cm^{-1} und damit im typischen Bereich für M-CO-Ln-Fragmente.[54,64]

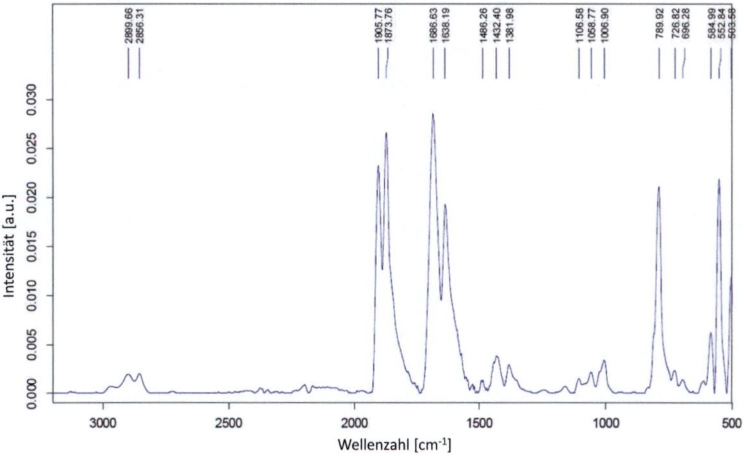

Abbildung 3.11. IR-Spektrum von Verbindung **4**.

Die Isolierung der Sm-Komplexe **1**, **2** und **3** aus dem gleichen Reaktionsansatz ist verwunderlich. In den bisher berichteten Komplexen, z.B. $[\{(CpMo(CO)_2P)_2\}_4Ag_2][Al\{OC(CF_3)_3\}_4]_2$ und $[CuBr(CpMo(CO)_2P)_2]_n$ dient $[CpMo(CO)_2P]_2$ als Baustein zum Aufbau oligomerer oder polymerer Strukturen. Das Phosphor/Molybdän-Verhältnis verändert sich dabei während der Reaktion nicht.[65-67] Die unterschiedlichen Phosphor/Molybdän-Verhältnisse in **1** - **4** lassen auf eine teilweise Spaltung des Edukts während der Reduktion schließen. Die $CpMo(CO)_2$-Einheit, als wiederkehrendes Muster, scheint dabei nicht betroffen zu sein. Solch eine Fragmentierung des Übergangsmetallpolyphosphids $[CpMo(CO)_2P]_2$ konnte bisher noch nicht beobachtet werden. Der Unterschied der Phosphor/Molybdän-Verhältnisse zwischen $[CpMo(CO)_2P]_2$ und **4** deutet darauf hin, dass auch mit dem weniger starken Reduktionsmittel $[Cp^*{}_2Yb(thf)_2]$ eine Fragmentierung des Mo-Komplexes stattfindet. Mit dem noch milderen Reduktionsmittel $[Cp^*{}_2Eu(thf)_2]$ konnte dagegen keine Reaktion beobachtet werden. Dies ist insofern nicht verwunderlich, als dass Europium in dieser Reihe das mit Abstand geringste Redoxpotential aufweist (Tabelle 3.1).[68-69]

Ln	$E^o(M^{3+}/M^{2+})$ [V]
Sm	-1.55
Yb	-1.15
Eu	-0.35

Tabelle 3.1. Standard Reduktionspotentiale der klassischen zweiwertigen Lanthanoide.[69]

3.1.3 Darstellung von $[(Cp^*{}_2Ln)_2P_6(Cp^*Mo(CO)_2)_2]$

Neben $[CpMo(CO)_2P]_2$ wurde auch die Reaktivität von $[Cp^*Mo(CO)_2P_3]$ gegenüber den zweiwertigen Lanthanoidocenen $[Cp^*{}_2Ln(thf)_2]$ (Ln = Sm, Yb) untersucht. Die Reduktion von $[Cp^*Mo(CO)_2P_3]$ führt zu den Polyphosphiden $[(Cp^*{}_2Ln)_2P_6(Cp^*Mo(CO)_2)_2]$ (Ln = Sm (**5**), Yb (**6**)).

Dazu wurde das Cyclotriphosphid mit den Lanthanoid-Komplexen $[Cp^*{}_2Ln(thf)_2]$ (Ln = Sm, Yb) in Toluol umgesetzt (Schema 3.3). Das Reaktionsgemisch wurde für eine Woche auf 60 °C erhitzt und die Lösung anschließend dekantiert.

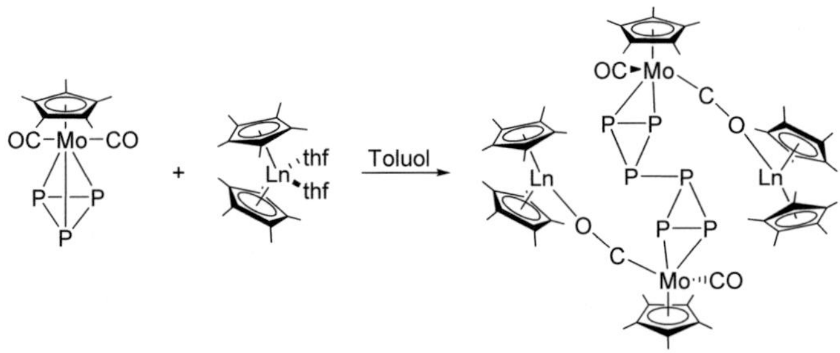

Ln = Sm (**5**), Yb (**6**)

Schema 3.3. Synthese der Verbindungen **5** und **6**.

Nach zwei bis drei Wochen wurden zur Einkristallröntgenstrukturanalyse geeignete Einkristalle erhalten. Die daraus resultierenden Komplexe **5** und **6** enthalten einen P_6-Kern und zwei Mo- sowie zwei Ln(III)-Atome. **5** und **6** wurden mittels IR- und NIR-Spektroskopie charakterisiert. **5** wurde zusätzlich mittels Elementaranalyse charakterisiert. Die Festkörperstrukturen wurden durch Einkristallröntgenstrukturanalyse bestimmt.

Die Verbindungen **5** und **6** sind isostrukturell und kristallisieren in der triklinen Raumgruppe $P\bar{1}$ mit einem Molekül Komplex und einem nicht koordinierenden Molekül Toluol in der Elementarzelle (Abbildung 3.12). Die Übertragung eines Elektrons des Lanthanoids auf die η^3-P_3-Einheit führt zu einer intermolekularen P-P-Bindungsknüpfung. Ein P-Atom der P_3-Einheit des Edukts bindet aufgrund der Reduktion nicht mehr an das Mo-Zentrum und es erfolgt eine Dimerisierung. Daraus resultiert die Bildung einer P-P-Einfachbindung zwischen zwei P_3-Einheiten.

Der neugebildete P_6-Kern ist über vier Positionen fehlgeordnet. Des Weiteren sind die Cp*Mo(CO)$_2$-Fragmente über zwei Positionen fehlgeordnet und die terminalen CO-Liganden liegen zusätzlich nochmals auf zwei unterschiedlichen Positionen (Abbildung 3.13 - 3.14).

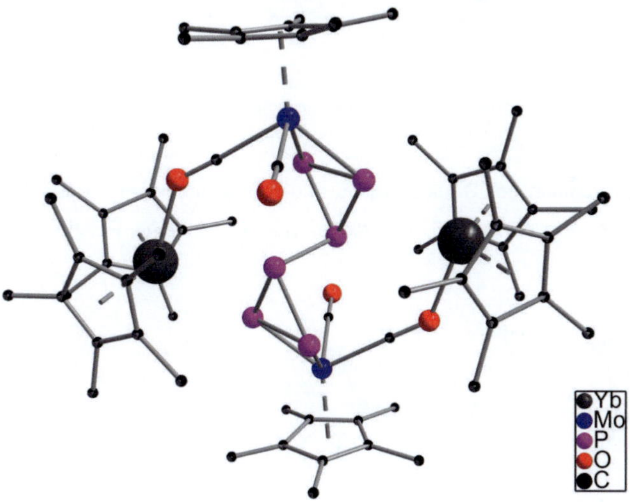

Abbildung 3.12. Molekülstruktur von **6** im Festkörper ohne Darstellung der Wasserstoffatome.

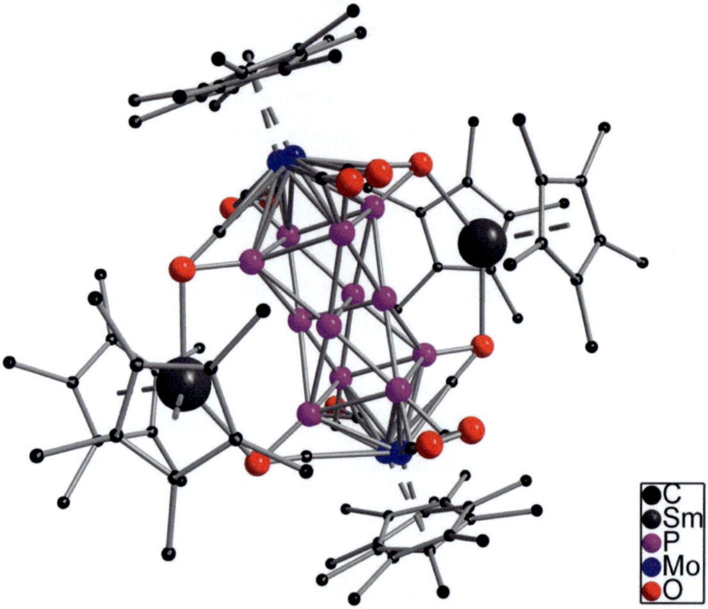

Abbildung 3.13. Fehlgeordnete Molekülstruktur von **5** im Festkörper ohne Darstellung der Wasserstoffatome.

Um die Diskussion der Struktur von **5** und **6** übersichtlicher zu gestalten, soll dies anhand von Abbildung 3.15, in welcher nur jeweils eine Position dargestellt ist, geschehen.

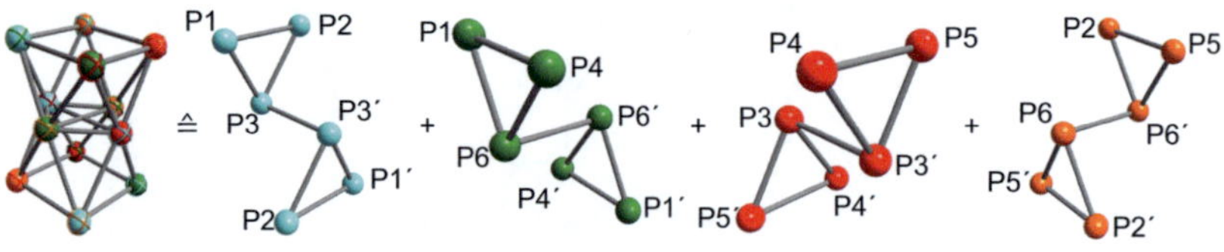

Abbildung 3.14. Fehlordnung des P_6-Kernes der Verbindungen **5** und **6** im Festkörper.

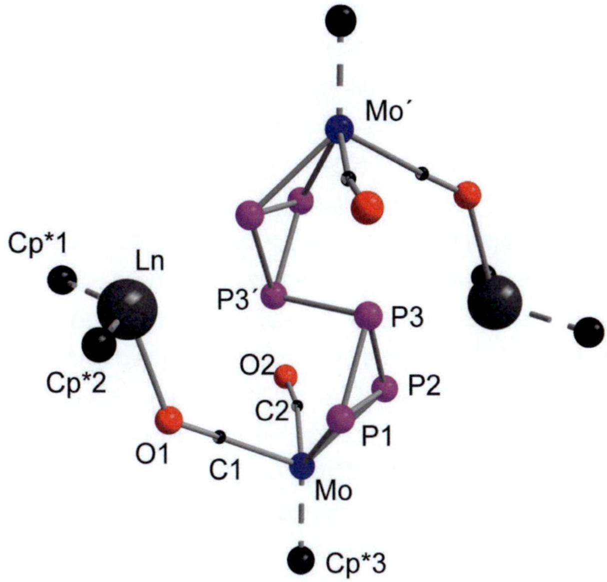

Abbildung 3.15. Molekülstruktur von Verbindung **5** und **6** im Festkörper ohne Darstellung der Wasserstoffatome. Der Übersichtlichkeit halber ist jeweils nur eine mögliche Orientierung des P_6-Kerns dargestellt. Die Cp*-Ringe sind als schwarze Kugeln repräsentiert. Ausgewählte Abstände [Å] und Winkel [°]: **5** (Ln = Sm): Sm-P1 2.961(3), Sm-P2 4.630(4), Sm-P3 3.329(3), Sm-O1 2.407(9), Sm-C(Cp*1)(av.) 2.72, Sm-Cp*1(Rmp) 2.444(12), Sm-C(Cp*2)(av.) 2.72, Sm-Cp*2(Rmp) 2.432(13), Mo-C1 2.121(13), Mo-C2 2.017(15), C1-O1 1.149(15), C2-O2 1.17(2), Mo-P1 2.378(4), Mo-P2 2.480(4), Mo-C(Cp*3)(av.) 2.31, Mo-Cp*3(Rmp) 1.99(2), P1-P2 2.206(5), P1-P3 2.182(6), P2-P3 2.064(6), P3-P3` 2.233(2); C1-Mo-C2 100.67(4), C1-Mo-P1 109.3(4), C1-Mo-P2 70.9(4), C1-O1-Sm 133.2(9), Mo-P1-P2 60.68(14), Mo-P1-P3 111.5(2), Mo-P2-P1 65.36(13), Mo-P2-P3 111.1(2), O1-C1-Mo 174.25(4), O2-C2-Mo 169.181(7), P1-Mo-P2 53.97(13), P1-P2-P3 61.3(2), P1-P3-P2 62.5(2), P1-P3-P3´ 87.12(3), P2-P1-P3 56.1(2), P2-P3-P3` 91.90(3); **6** (Ln = Yb): Yb-P1 2.894(7), Yb-P2 4.598(8), Yb-P3 3.316(8), Yb-O1 2.310(6), Yb-C(Cp*1)(av.) 2.627, Yb-Cp*1(Rmp) 2.342(8), Yb-C(Cp*2)(av.) 2.616, Yb-Cp*(Rmp) 2.323(9), Mo-C1 2.125(9), Mo-C2 2.027(15), C1-O1 1.156(11), C2-O2 1.159(15), Mo-P1 2.383(4), Mo-P2 2.437(8), Mo-C(Cp*3)(av.) 2.342, Mo-Cp*3(Rmp) 1.996(9), P1-P2 2.291(4), P1-P3 2.180(4), P2-P3 2.067(4), P3-P3´ 2.212(6); C1-Mo-C2 86.8(6), C1-Mo-P1 108.0(3), C1-Mo-P2 69.1(3), C1-O1-Yb 136.2(7), Mo-P1-P2 62.8(2), Mo-P1-P3 108.76(14), Mo-P2-P1 60.43(11), Mo-P2-P3 110.7(2), O1-C1-Mo 176.1(2), O2-C2-Mo 147.4(2), P1-Mo-P2 56.7(2), P1-P2-P3 59.76(15), P1-P3-P2 65.25(14), P1-P3-P3´ 87.5(2), P2-P1-P3 54.99(13), P2-P3-P3´ 91.7(2).

Über die reduktive Dimerisierung einer cyclo-P_5-Einheit durch $[Cp^*{}_2Sm(thf)_2]$ zu einer P_{10}-Einheit wurde erst 2013 von unserer Arbeitsgruppe berichtet.[29] Es findet in

Folge der Dimerisierung eine Änderung des Koordinationsmodus der Phosphordreiecke statt. In [Cp*Mo(CO)$_2$P$_3$] befindet sich das Übergangsmetall über der Fläche einer cyclo-P$_3$-Einheit, die an das Mo-Atom im η^3-Modus koordiniert. Nach der Reaktion wird das Metall side-on von einer η^2-P$_2$-Einheit koordiniert. Das nicht mehr koordinierende P-Atom (P3) bildet jetzt mit einer weiteren P$_3$-Einheit eine neue P-P-Bindung (P3-P3´) aus. Die neugeknüpften P-P-Bindungen haben eine Länge zwischen 2.233(2) Å (P3-P3´) für **5** sowie 2.212(6) Å (P3-P3´) für **6** und entsprechen somit einer P-P-Einfachbindung. Die P1-P2- und P1-P3-Bindungen liegen mit 2.206(5) Å (P1-P2) und 2.182(6) Å (P1-P3) für **5** sowie 2.291(4) Å (P1-P2) und 2.180(4) Å (P1-P3) für **6** ebenfalls im Bereich einer Einfachbindung.[60] Die P2-P3-Bindungen sind mit 2.064(6) Å (**5**) bzw. 2.067(4) Å (**6**) vergleichbar mit den P-P-Bindungen in **1** (2.032(5) Å), **4** (2.007(4) Å) und den Komplexen [CpMo(CO)$_2$P]$_2$ (2.079(2) Å) und [(Co(CO)$_3$)$_2$P$_2$(Cr(CO)$_5$)$_2$] (2.060(5) Å).[70] Ein CO-Ligand verbrückt das Mo-Atom mit dem Ln-Atom. Die entsprechenden Mo-C1-Bindungen (**5**: 2.121(13) Å; **6**: 2.125(9) Å) sind dabei im Vergleich zu dem Edukt [Cp*Mo(CO)$_2$P$_3$] mit 2.011(2) Å und 2.023(2) Å verlängert. Gleiches gilt für die Mo-C2-Bindungen der terminalen CO-Liganden (**5**: 2.017(15) Å; **6**: 2.027(15) Å). Der Winkel C1-Mo-C2 zwischen den beiden CO-Liganden und den Mo-Atomen weitet sich auf 100.67(4)° in **5** bzw. 86.8(6)° in **6**. Die C1-O1-Abstände der verbrückenden CO-Liganden liegen mit 1.149(15) Å für **5** und 1.156(11) Å für **6** im selben Bereich, wie die C2-O2-Bindungen der terminalen CO-Liganden (**5**: 1.17(2) Å; **6**: 1.159(15) Å). In Sm(III)-Isocarbonyl-Komplexen liegen die Abstände der analogen C-O-Bindungen im Bereich von 1.20 Å, z.B. in den Verbindungen [SmI$_2$(thf)$_4$(µ-CO)(CpMo(CO)$_2$)] (1.22(2) Å) und [(Tp^{Me,Me})$_2$Sm(µ-CO)(CpMo(CO)$_2$)] (1.206(7) Å).[49-50] Die Bindungslängen der µ-CO-Brücken des Ytterbium-Isocarbonyl-Komplexes [(Cp*$_2$Yb)(µ-CO)$_2$Mn(CO)$_3$]$_2$ liegen im Durchschnitt bei 1.186 Å und für [(Cp*$_2$Yb(thf)(µ-CO)Co(CO)$_3$] bei 1.188(3) Å.[63,71] Die Ln-O-Abstände zu den verbrückenden CO-Liganden unterscheiden sich aufgrund des unterschiedlichen Ionenradius bei den Verbindungen **5** und **6** um ca. 0.1 Å. Die Sm-O1-Abstand liegt mit 2.407(9) Å im gleichen Bereich, wie die berichteten Sm-O-Abstände der Verbindungen [(Tp^{Me,Me})$_2$Sm(µ-CO)(CpMo(CO)$_2$)] (2.335(4) Å) und [(Cp*$_2$Sm)(µ-CO)$_2$(Cp*Fe)]$_2$ (2.348(4) Å und 2.339(4) Å).[50,55] Der Yb-O1-Abstand ist dagegen im Vergleich zu den Yb(III)-Verbindungen [(Cp*$_2$Yb)(µ-CO)$_2$Mn(CO)$_3$]$_2$ (2.271(2) Å) und [(Cp*$_2$Yb(thf))(µ-CO)Co(CO)$_3$] (2.258(2) Å) mit 2.310(6) Å etwas größer.[63,71]

In Verbindung **5** und **6** sind die verbrückenden CO-Liganden schwächer an die Lanthanoide gebunden, als in den Verbindungen **1**, **2** und **4**. Die Unterschiede der Bindungslängen in den CO-Liganden und den entsprechenden Mo-C- und Ln-O Bindungen sind auf Wechselwirkungen der Ln-Atome mit den Phosphoreinheiten zurückzuführen. Zum besseren Vergleich sind die Bindungslängen nochmals in Tabelle 3.2 zusammengefasst.

Verbindung	d(Ln-O) [Å]	d(µ-C-O) [Å]	d(C-Mo) [Å]	d(Ln-Mo) [Å]	d(Ln-P) [Å]
1	2.367	1.197	1.888	5.327	5.498
2	2.388	1.211	1.875	5.02	3.788
5	2.404	1.16	2.128	5.279	3.145
4	2.239	1.214	1.853	5.245	5.456
6	2.314	1.16	2.110	5.235	3.096

Tabelle 3.2. Ausgewählte Abstände der Komplexe **1**, **2**, **4**, **5** und **6**. Die Angaben sind Mittelwerte der Abstände.

Die Sm-P-Kontakte in Verbindung **5** sind mit 2.962(3) Å (Sm-P2) und 3.329(3) Å (Sm-P3) vergleichbar mit den Sm-P-Abständen in den Komplexen $[(Cp^*_2Sm)_2P_{10}(Cp^*Fe)_2]$ (2.983(14) Å - 3.361(11) Å) und $[(Cp^*_2Sm)_4P_8]$ (3.018(2) Å, 3.100(2) Å).[26,29] Die Yb-P-Kontakte in Verbindung **6** sind mit 2.894(4) Å (Yb-P2) und 3.316(4) Å (Yb-P3) wie zu erwarten etwas kleiner als in **5**. Die Yb-P-Kontakte sind mit jenen Abständen vergleichbar, welche für die Verbindung $[Li(thf)_4][(Ph_2PNPh)_4Yb]$ (2.885(2) Å - 3.031(2) Å) berichtet wurden.[72] Aufgrund der Ln-P-Wechselwirkungen sind die Ln-O-Bindungen schwächer als in den Verbindungen **1**, **2** und **4**, was zu einer Stärkung der entsprechenden CO-Bindung führt.

Die IR-Spektren der Verbindungen **5** und **6** zeigen die $\tilde{\nu}$(CO) Streckschwingungen als intensive Banden bei 1918 cm^{-1}, 1700 cm^{-1} (**5**) bzw. 1918 cm^{-1}, 1698 cm^{-1} und 1685 cm^{-1} (**6**). Die Banden bei 1918 cm^{-1} werden den terminalen CO-Liganden zugeordnet. Die Absorptionsbanden bei 1700 cm^{-1} (**5**) bzw. 1698 und 1685 cm^{-1} (**6**) werden den verbrückenden CO-Liganden zugeordnet und sind typisch für Lanthanoid-Isocarbonyl-Metall-Brücken. Dies steht im Einklang mit den IR-Spektren von **1** und **2**, sowie den bekannten Komplexen $[(Cp^*_2Yb)(\mu\text{-}CO)_2Mn(CO)_3]_2$ und $[(Tp^{Me,Me})_2Sm(\mu\text{-}CO)(CpCr(CO)_2]$.[50,71]

Die Oxidationsstufe der Samariumatome von Verbindung **5** wurde mittels NIR-Spektroskopie untersucht (Abbildung 3.16). Das Spektrum zeigt ein charakteristisches Absorptionsmuster für Sm(III)-Verbindungen und ist vergleichbar mit den berichteten NIR-Spektren von [{(DIP$_2$pyr)Sm(thf)$_2$}P$_5$(Cp*Fe)] und Sm(III)/POCl$_3$/ZrCl$_4$.[28,59] Die Bande bei 9224 cm^{-1} wird dabei dem $^6H_{5/2} \rightarrow {}^6F_{9/2}$ Übergang zugeordnet und die Banden bei 7967 cm^{-1}, 6702 cm^{-1} und 6395 cm^{-1} werden den Übergängen in die $^6F_{7/2}$, $^6F_{3/2}$ und $^6F_{1/2}$ Zustände zugeordnet.

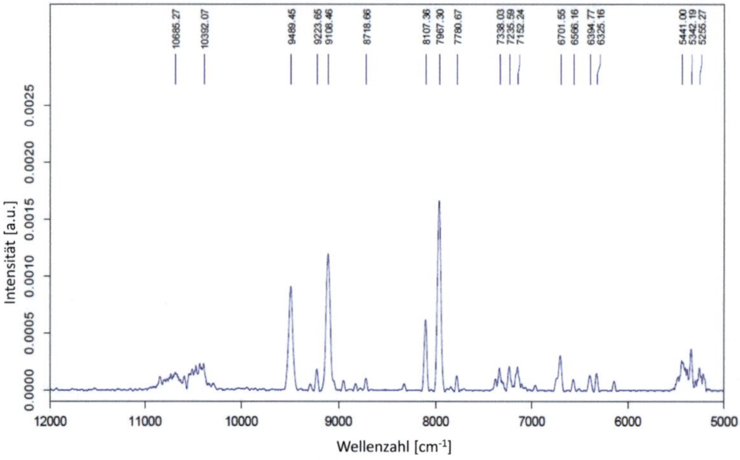

Abbildung 3.16. NIR-Spektrum von Verbindung **5**.

3.1.4 Magnetische Messungen von [(Cp*$_2$Sm)$_2$P$_6$(Cp*Mo(CO)$_2$)$_2$] (5)

In Kooperation mit:
Prof. Dr. Annie K. Powell und Dr. Yanhua Lan, Institut für Anorganische Chemie, Karlsruher Institut für Technologie

Die magnetischen Eigenschaften der Lanthanoide hängen, da die angeregten Zustände thermisch nicht erreichbar sind, von ihren Grundzuständen ab.[4] Die chemische Umgebung hat nur einen geringen Einfluss auf das magnetische Moment μ_{eff}. Folglich ändern sich die magnetischen Eigenschaften, im Gegensatz zu Übergangsmetallkomplexen, durch die Variation der Liganden oder Änderung der Koordinationszahl kaum. Aufgrund der geringen Spin-Bahn-Kopplung der dreiwertigen Lanthanoide Sm(III) und Eu(III) tragen tiefliegende paramagnetische angeregte Zustände zu μ_{eff} bei. Der $^{7}F_{2}$ Grundzustand der Eu(III)-Ionen ist dadurch thermisch zugänglich und führt zu einem magnetischen Moment von 3.5 μ_B bei Raumtemperatur. Das gleiche gilt für Sm(III)-Ionen, in welchem der $^{6}H_{7/2}$ Grundzustand paramagnetisches Verhalten mit einem magnetischen Moment von 1.6 μ_B zeigt. Daher wurde Verbindung **5** zur Bestätigung der Oxidationsstufe der Samariumionen mit Hilfe von magnetischen Messungen untersucht.

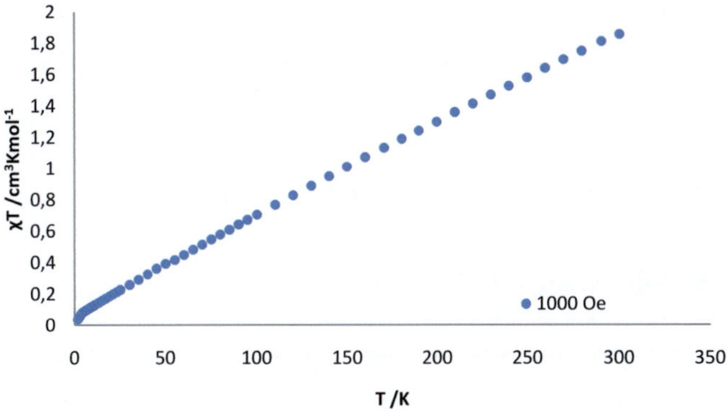

Abbildung 3.17. Temperaturabhängiger Verlauf von χT für Verbindung **5**.

Sowohl das magnetische Suszeptibilitätsprodukt (χT = 1.8162 cm^3K/mol) als auch die Suszeptibilität (χ = 6.209 cm^3/mol) liegen bei Raumtemperatur im erwarteten Bereich. Da χT mit steigender Temperatur linear zu nimmt handelt es sich bei **5** um eine paramagnetische Verbindung (Abbildung 3.17). Das magnetische Moment beträgt bei 290 K 3.80 μ_B (Abbildung 3.18). Die Werte sind vergleichbar mit denen der Sm(III)-Komplexe [Cp*FeP_5Sm(DIP_2pyr)]$_2$ und [Cp*FeP_5Sm(DIP_2pyr)(thf)$_2$] und bestätigen die Oxidation des Lanthanoids.[28]

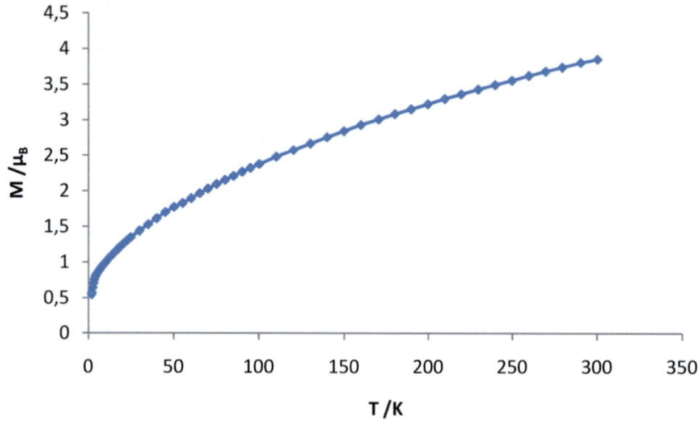

Abbildung 3.18. Magnetisierung von **5** für unterschiedliche Temperaturen.

3.2 Lanthanoid-Arsensulfid-Cluster

In der Übergangsmetallchemie werden gemischte Gruppe 15/ Gruppe 16-Verbindungen aufgrund ihrer strukturellen und stöchiometrischen Vielfalt schon seit Jahrzehnten als Liganden verwendet.[31,34,73] Neben gemischten Anionen sind vor allem die leichtzugänglichen neutralen Käfigverbindungen E_4X_3 und E_4X_4 (E = P, As; X = S, Se) von Interesse.

In dieser Arbeit sollte die Reaktivität der beiden Käfigmoleküle As_4S_4 und As_4S_3 gegenüber den zweiwertigen Lanthanoidverbindungen $[Cp^R{}_2Ln(thf)_n]$ (R = Me_5, Ln = Sm, Yb, n = 2; R = 1,2,4-(*t*-Bu)$_3$, Ln = Sm, Yb, n = 0) untersucht werden. Die eingesetzten Lanthanoidverbindungen sind als Ein-Elektronen-Reduktionsmittel bekannt, wobei das Redoxpotential durch die Wahl des Lanthanoids verändert werden kann. Durch Modifikation der Cp-Liganden kann der sterische Anspruch am Lanthanoidatom variiert werden.

3.2.1 Lanthanoid-Cluster aus Realgar

3.2.1.1 Darstellung von $[(Cp^*{}_2Sm)(Cp^*Sm)_3AsS_3(Cp^*AsS_2)_2(thf)_3]$ (7)

Die Reaktion von Decamethylsamarocen $[Cp^*{}_2Sm(thf)_2]$ mit Realgar führt zu der Bildung der Verbindung $[(Cp^*{}_2Sm)(Cp^*Sm)_3AsS_3(Cp^*AsS_2)_2(thf)_3]$ (**7**) (Schema 3.4).

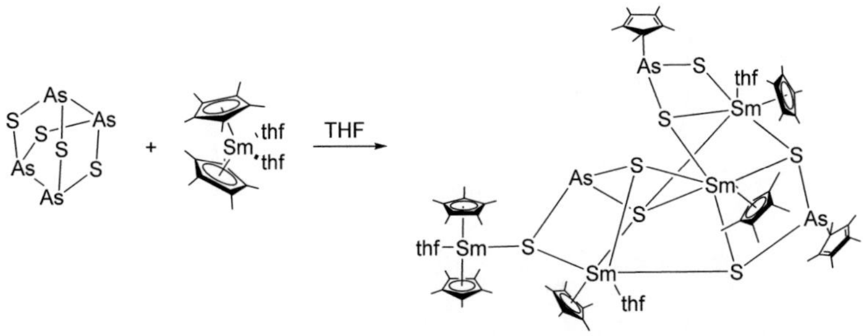

7

Schema 3.4. Synthese von [(Cp*$_2$Sm)(Cp*Sm)$_3$AsS$_3$(Cp*AsS$_2$)$_2$(thf)$_3$] (**7**).

Hierfür wurde die Lanthanoidverbindung [Cp*$_2$Sm(thf)$_2$] mit As_4S_4 in THF bei Raumtemperatur umgesetzt. Während der Reaktion kommt es zu einer Farbänderung der Lösung von violett nach rot und zur Bildung eines unlöslichen Rückstands. Nach ca. 18 Stunden wurde von dem Rückstand abfiltriert. Durch Überschichten der Reaktionslösung mit *n*-Pentan konnten für die Einkristallröntgenstrukturanalyse geeignete rote Kristalle in einer Ausbeute von 7 % erhalten werden. Der Komplex **7** wurde mittels IR- und NIR-Spektroskopie charakterisiert und die Festkörperstruktur durch Einkristallröntgenstrukturanalyse bestimmt.

Von Komplex **7** konnten Einkristalle in zwei Modifikationen erhalten werden. Beide kristallisieren in der monoklinen Raumgruppe $P2_1/n$ mit vier Molekülen Komplex in der Elementarzelle (Abbildung 3.19). Der Unterschied zwischen beiden Modifikationen liegt jedoch lediglich in der Art der Lösemittelmoleküle, die sich in der Elementarzelle befinden. Eine Modifikation kristallisiert mit acht nichtkoordinierenden Molekülen THF, während in der Elementarzelle der anderen vier nichtkoordinierende Moleküle THF und vier Moleküle Pentan enthalten sind.

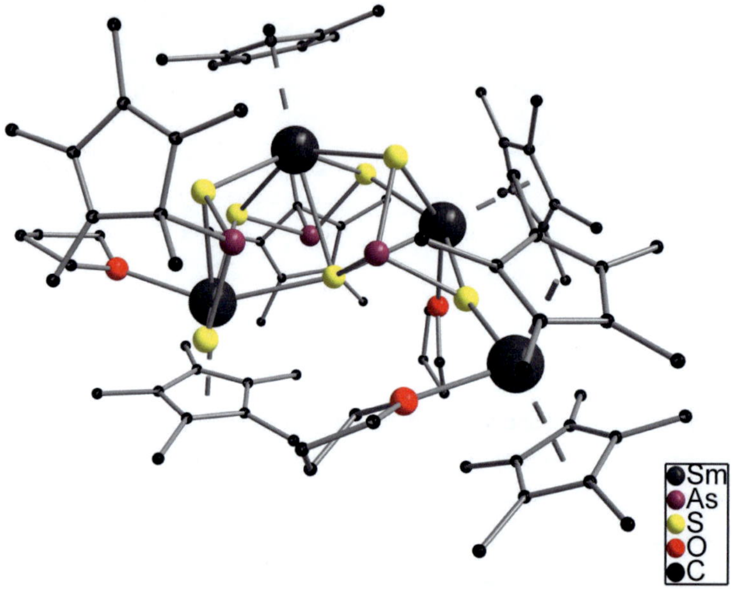

Abbildung 3.19. Molekülstruktur von **7** im Festkörper ohne Darstellung der Wasserstoffatome.

Um die Diskussion der Struktur von **7** übersichtlicher zu gestalten, soll dies anhand von Abbildung 3.20, in welcher die organischen Liganden Cp* und THF nicht explizit dargestellt sind, geschehen.

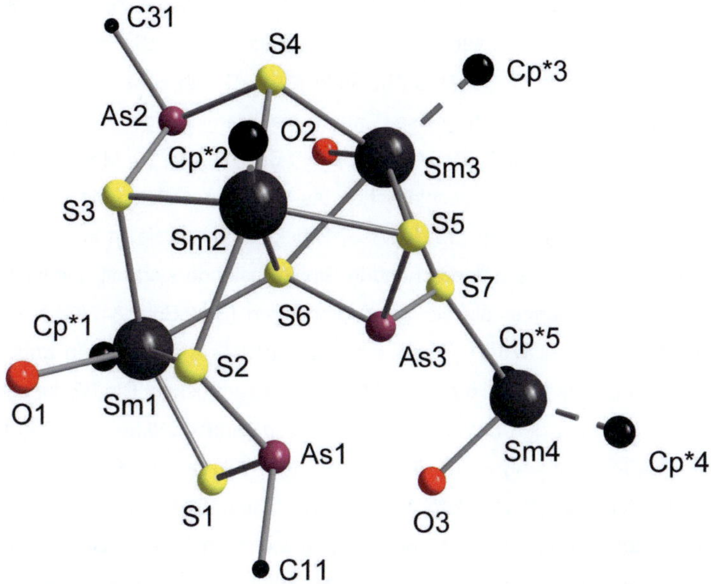

Abbildung 3.20. Molekülstruktur von **7** im Festkörper ohne Darstellung der Wasserstoffatome. Der Übersichtlichkeit halber sind lediglich die η^1-gebundenen C-Atome der Cp^*AsS_2-Gruppen und O-Atome der THF-Moleküle dargestellt. Die Cp*-Ringe der Sm-Atome sind als schwarze Kugeln repräsentiert. Ausgewählte Abstände [Å] und Winkel [°]: Sm1-O1 2.466(5), Sm1-S1 2.728(2), Sm1-S2 2.897(2), Sm1-S3 2.966(2), Sm1-S6 2.961(2), Sm1-C(Cp*1)(av.) 2.738, Sm1-Cp*1(Rmp) 2.459(7), Sm2-S2 2.845(2), Sm2-S3 2.807(2), Sm2-S4 2.862(2), Sm2-S5 2.847(2), Sm2-S6 3.108(2), Sm2-C(Cp*2)(av.) 2.723, Sm2-Cp*2(Rmp) 2.443(7), Sm3-O2 2.471(5), Sm3-S4 2.847(2), Sm3-S5 2.846(2), Sm3-S6 3.000(2), Sm3-S7 2.876(2), Sm3-C(Cp*3)(av.) 2.726, Sm3-Cp*3(Rmp) 2.448(7), Sm4-O3 2.436(5), Sm4-S7 2.843(2), Sm4-C(Cp*4)(av.) 2.721, Sm4-Cp*4(Rmp) 2.443(7), Sm4-C(Cp*5)(av.) 2.736, Sm4-Cp*5(Rmp) 2.457(7), As1-C11 2.075(7), As1-S1 2.218(2), As1-S2 2.223(2), As2-C31 2.087(7), As2-S3 2.261(2), As2-S4 2.277(2), As3-S5 2.257(2), As3-S6 2.256(2), As3-S7 2.284(2); Sm3-S7-Sm4 167.27(8), C11-As1-S1 104.4(3), C31-As2-S4 100.33(7), O1-Sm1-S3 80.96(13), O1-Sm1-S6 149.43(13), O2-Sm3-S5 148.76(12), O2-Sm3-S6 80.36(12), S1-Sm1-S2 73.71(6), S1-As1-S2 98.95(8), S2-Sm2-S4 147.51(6), S3-Sm2-Cp*2(Rmp) 113.5(2), S3-As2-S4 100.33(7), S5-As3-S7 100.67(7), S6-As3-S5 93.94(7), S6-As3-S7 96.48(7), S7-Sm4-O3 92.64(13), Cp*4(Rmp)-Sm4-Cp*5(Rmp) 133.9(2).

In Verbindung **7** verbrückt eine AsS_3-Einheit (As3, S5, S6, S7) vier Samariumatome im $\mu_{3:2:2},\eta^{3:2}$-Modus. Innerhalb dieser trigonalen AsS_3-Pyramide sind die As-S-Abstände unterschiedlich, so ist die As3-S7-Bindung mit 2.284(2) Å um 0.027 Å länger als die beiden anderen As-S-Bindungen (As3-S5 2.257(2) Å, As3-S6 2.256(2)

Å). Die S-As-S-Winkel unterschieden sich ebenfalls und liegen zwischen 93.94(7)° und 100.67(7)°. Im Gegensatz hierzu ist die trigonale AsS_3-Pyramide in z.B. $[Na_3AsS_3]$ durch gleich große As-S-Abstände (2.25 Å) und S-As-S-Winkel (101.9°) charakterisiert.[39,74-75] Jedoch weisen auch die Verbindungen $[(Cp`Nb)_2As_2S_6]$, $[(Ph_2P)_2(InAs_3S_7)]$ und $[(Cp^{Me}{}_3Ti_2OAsS_3]$ (Cp` = *t*-$BuC_5H_4$, Cp^{Me} = MeC_5H_4) ebenfalls eine AsS_3-Pyramide mit unterschiedlichen As-S-Bindungsabständen und Winkeln auf.[35,40,76] Das Schwefelatom S6 der AsS_3-Brücke in **7** koordiniert im μ_3-Modus an Sm1, Sm2 und Sm3. Die entsprechenden Sm-S-Abstände sind mit durchschnittlich 3.023 Å wesentlich länger als die Sm-S-Bindungen (Sm2-S5 2.847(2) Å, Sm3-S5 2.846(4) Å, Sm3-S7 2.876(2) Å und Sm4-S7 2.843(4) Å) der beiden anderen S-Atome der AsS_3-Pyramide, die nur zwei Sm-Atome verbrücken. Die Bindungslängen sind vergleichbar mit den Sm-S-Abständen in $[Cp^*{}_2Sm(S_2CNMe_2)]$ (2.808(2) Å).[77] Trotz der As3-S7-Bindung weißt der Sm3-S7-Sm4-Winkel mit 167.27(1)° nur eine geringfügige Abweichung von dem Winkel in $[(Cp^*{}_2Sm(thf))_2S]$ (170.0(1)°) auf.[78] Der Sm4-S7-Abstand ist dagegen mit 2.843(2) Å deutlich länger als die Sm-S-Bindungen in $[(Cp^*{}_2Sm(thf))_2S]$ (durchschnittlich 2.664 Å). Aufgrund der ausgeprägten Tendenz von Thioarsenat(III)-Lösungen unter Verlust von Schwefel zu oligomerisieren, sind Organometallkomplexe mit einem $AsS_3{}^{3-}$-Liganden selten.[31,35] Neben der $AsS_3{}^{3-}$-Gruppe befinden sich in der Struktur noch eine μ,η^2-AsS_2 und eine $\mu_{2:2},\eta^2$-AsS_2-Gruppe in dem Komplex. Die As-S-Bindungen des μ,η^2-AsS_2-Liganden sind mit 2.218(2) Å (As1-S1) und 2.223(2) Å (As1-S2) kürzer als die Bindungen der $\mu_{2:2},\eta^2$-AsS_2-Gruppe (As2-S3 2.261(2) Å, As2-S4 2.277(2) Å). Die As-S-Bindungen in $[(Cp^*Mo)_2(CO)_2As_2S_4 \cdot 2Cr(CO)_5]$ (2.205(2) Å - 2.211(2) Å) liegen zu den As-S Bindungen der μ,η^2-AsS_2-Brücke im vergleichbaren Bereich.[79] Zu dem $\mu_{2:2},\eta^2$-AsS_2-Liganden vergleichbare As-S-Abstände konnten in den beiden Komplexen $[(Cp`M)_2As_2S_6]$ (M = Nb, 2.271(1) Å, 2.257(1) Å; M = Ta, 2.272(2) Å, 2.263(2) Å) beobachtet werden.[40] Analog zu einem NO_2^--Ion haben die AsS_2-Liganden der literaturbekannten Komplexe einen allylischen Charakter und können durch die Resonanzformeln **A** und **B** beschrieben werden (Schema 3.5). Durch den Transfer eines Cp*-Liganden des Samariumedukts auf die AsS_2-Brücken sind die As-Atome (As1, As2) von je zwei S-Atomen und einem Cp*-Liganden umgeben und es bildet sich eine Cp*AsS_2-Brücke (**C**) (Schema 3.5). Die Cp*-Liganden wechseln dabei ihren Koordinationsmodus und binden im η^1-Modus an die Arsen-Atome. Die As-C-Abstände liegen mit 2.075(7) Å (As1-C11) bzw. 2.087(7) Å (As2-C31) im vergleichbaren Bereich zu den Komplexen [Cp*AsNH]$_4$ (2.045(6) Å, 2.059(7) Å) und [Cp*AsClN(SiMe$_3$)$_2$] (2.071(3) Å).[80] Aufgrund der Ausbildung einer As-C(Cp*)-Bindung, weisen die Cp*AsS$_2$-Brücken in **7** keinen allylischen Charakter auf.

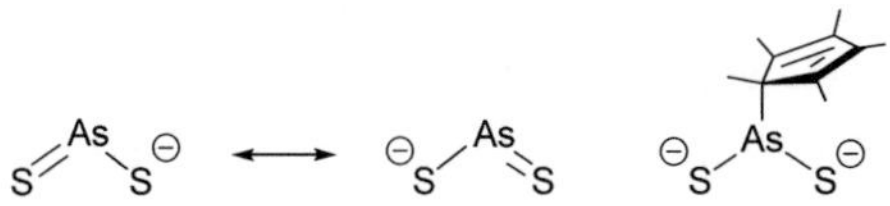

A **B** **C**

Schema 3.5. Resonanzformeln allylischer AsS$_2$-Einheiten (**A**, **B**) und Cp*AsS$_2$-Einheit in **7** (**C**).

Das einzige nicht verbrückende Schwefelatom S1 weist mit 2.728(2) Å (Sm1-S1) den kleinsten Sm-S-Abstand auf. Dagegen ist der Sm1-S3-Abstand mit 2.969(2) Å im Vergleich aller Sm-S-Bindungen der AsS$_2$-Brücken am größten. Die anderen Sm-S-Bindungen sind mit durchschnittlich 2.852 Å vergleichbar mit den Abständen in den Komplexen [Ph$_4$P][Sm(S$_2$PMe$_2$)$_4$] (2.88(1) Å) und [Cp*$_2$Sm(S$_2$CNMe$_2$)] (2.808(2) Å).[77,81] Die S-As-S-Winkel liegen mit 98.95(8)° (S1-As1-S2) und 100.33(7)° (S3-As2-S4) im gleichen Bereich wie für die Komplexe [(Cp\`M)$_2$As$_2$S$_6$] (M = Nb, Ta) berichtet.[40] Gegenüber den entsprechenden Winkeln der AsS$_2$-Brücken in [(Cp*Mo)$_2$(CO)$_2$As$_2$S$_4$·2Cr(CO)$_5$] (91.2(1)°, 91.5(1)°) sind die Winkel dagegen stark aufgeweitet.[79]

In **7** sind die Metallatome Sm1 und Sm3 verzerrt oktaedrisch koordiniert. Da nur vier Schwefelatome und ein Cp*-Ring die Sm-Atome koordinieren, dient zur Absättigung der Koordinationssphäre noch je ein Molekül THF. Cp*1 nimmt bei Sm1 eine äquatoriale Position ein, während Cp*3 bei Sm3 eine axiale Position besetzt. Der mittlere Sm1-C(Cp*1)-Abstand ist mit 2.738 Å um 0.12 Å länger als der mittlere Sm3-C(Cp*3)-Abstand (2.726 Å). Die Sm-O-Abstände sind mit 2.466(5) Å (Sm1-O1) sowie 2.471(5) Å (Sm3-O2) deutlich länger als die durchschnittlichen Sm-O-Abstände in beispielsweise [(Cp*Sm)$_6$Cl$_{12}$(thf)$_2$] (2.435 Å) oder [(Cp*Sm)$_3$Cl$_5$(thf)$_3$][BPh$_4$] (2.402 Å).[82-83] Vergleichbare Sm-O-Abstände konnten in dem Komplex [(Cp*$_2$Sm(thf))$_2$S] (2.475(3) Å, 2.498(4) Å) beobachtet werden.[78] Das Samariumatom Sm2 ist ebenfalls verzerrt oktaedrisch koordiniert. Vier S-Atome (S2-S5) besetzen die äquatorialen Positionen, während die apikalen Positionen von Cp*2 und S6 eingenommen werden. Der mittlere Sm2-C(Cp*2)-Abstand beträgt 2.723 Å und liegt im selben Bereich wie in [(Cp*$_2$Sm(thf))$_2$S] mit durchschnittlich 2.762 Å.[78] Das Lanthanoidatom liegt 0.837(2) Å über der von den äquatorialen Schwefelatomen aufgespannten Ebene. Die Koordinationssphäre des tetraedrisch umgebenen Sm4 bilden ein Schwefelatom der AsS_3-Gruppe (S7), zwei Cp*-Liganden (Cp*4, Cp*5) und ein Molekül THF. Die mittleren Sm-C(Cp*)-Abstände (Sm4-C(Cp*4) 2.721 Å, Sm4-C(Cp*5) 2.736 Å) und die Sm4-O3-Bindung (2.436(5) Å) liegen im selben Bereich wie in [(Cp*$_2$Sm(thf))$_2$S] (Sm-C(Cp*)(av.) 2.762 Å, Sm-O 2.487(7) Å).[78]

Die in Komplex **7** beobachtete unerwartete Bildung der neuartigen Cp*AsS_2-Einheit erfolgt durch Übertragung eines Cp*-Liganden des Samariumeduktes auf ein As-Atom. Dabei findet eine Änderung des Koordinationsmodus des Cp*-Liganden statt und der vormals im η^5-Modus koordinierende Ligand bindet nun im η^1-Modus an ein As-Atom. Während ein Cp*-Transfer in anderen Reaktionen zur Darstellung neuartiger Komplexe dient, z.B. [Cp*Fe(Cp*Ga)($GaBr_2$)(PPh_3)], konnte bei den bislang berichteten Reaktionen von As_4S_4 mit Organometallkomplexen der Transfer eines Liganden auf eine AsS_n-Einheit nicht beobachtet werden.[31,84]

3.2.1.2 Darstellung von [(Cp*Yb)$_3$(As_2S_4)(Cp*AsS_2)(thf)$_2$] (8)

Die Reaktion von [Cp*$_2$Yb(thf)$_2$] mit As_4S_4 in THF hat nicht zur Bildung des erwarteten Analogons der Verbindung **7** geführt. Stattdessen konnte der Komplex [(Cp*Yb)$_3$$As_2S_4$(Cp*$AsS_2$)(thf)$_2$] (**8**) erhalten werden (Schema 3.6).

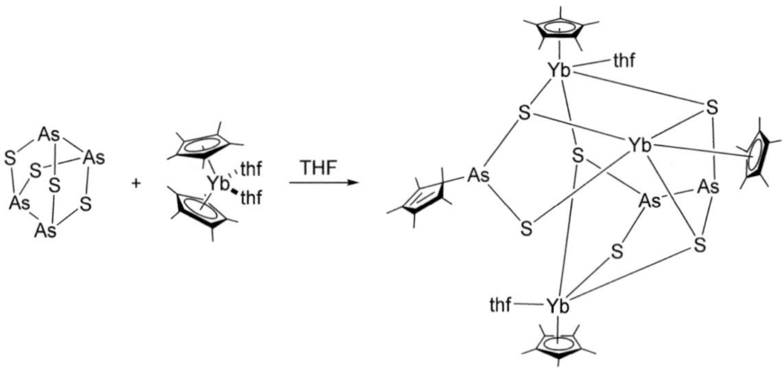

8

Schema 3.6. Synthese von [(Cp*Yb)$_3$(As_2S_4)(Cp*AsS_2)(thf)$_2$] (**8**).

Dafür wurden die beiden Edukte für 16 Stunden bei Raumtemperatur in THF gerührt. Nach Filtration konnte durch langsames Einengen des Filtrats **8** mit 15 % Ausbeute in Form tiefblauer Kristalle erhalten werden. Die Verbindung wurde mittels Elementaranalyse, IR- und NIR-Spektroskopie charakterisiert. Die Festkörperstruktur wurde durch Einkristallröntgenstrukturanalyse bestimmt.

Verbindung **8** kristallisiert in der triklinen Raumgruppe $P\bar{1}$ mit zwei Molekülen Komplex in der Elementarzelle (Abbildung 3.21).

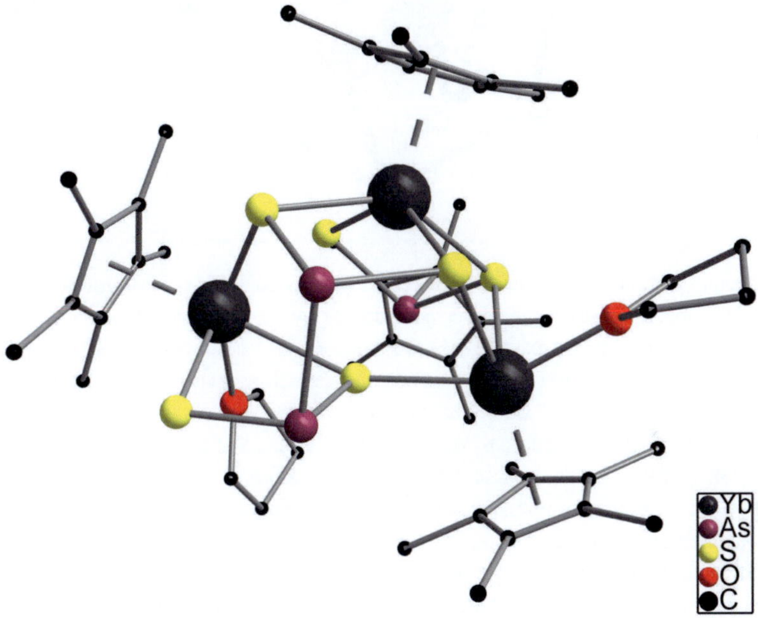

Abbildung 3.21. Molekülstruktur von **8** im Festkörper ohne Darstellung der Wasserstoffatome.

Um die Diskussion der Struktur von **8** übersichtlicher zu gestalten, soll dies auch hier anhand von Abbildung 3.22, in welcher die organischen Liganden Cp* und THF nicht explizit dargestellt sind, geschehen. Das besondere Merkmal von **8** ist die neuartige As_2S_4-Brücke (S1,S2-As1-As2-S3,S4), welche im $\mu_{2:2:2},\eta^{2:2}$-Modus über die Schwefelatome an drei Ytterbiumatome (Yb1, Yb2, Yb3) koordiniert.

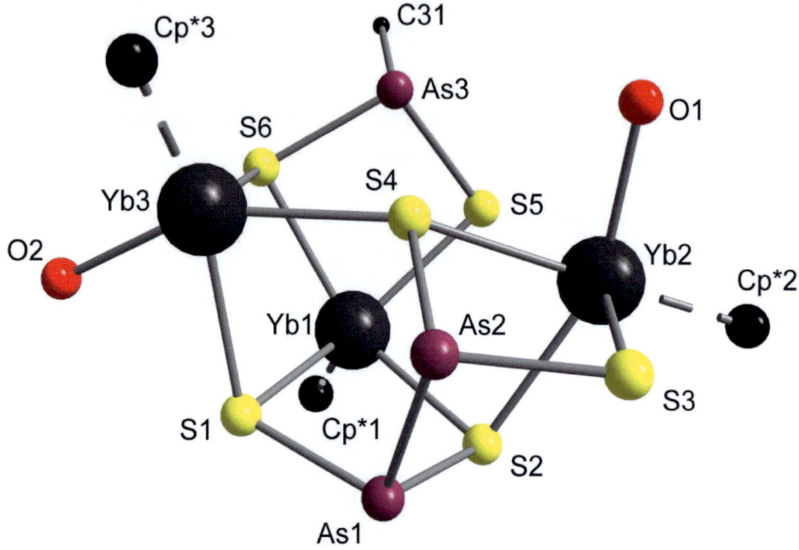

Abbildung 3.22. Festkörperstruktur von **8** ohne Darstellung der Wasserstoffatome. Der Übersichtlichkeit halber sind lediglich die η^1-gebundenen C-Atome der Cp^*AsS_2-Gruppe und O-Atome der THF-Moleküle dargestellt. Die Cp*-Ringe der Sm-Atome sind als schwarze Kugeln repräsentiert. Ausgewählte Abstände [Å] und Winkel [°]: Yb1-S1 2.749(3), Yb1-S2 2.664(3), Yb1-S5 2.715(2), Yb1-S6 2.744(2), Yb1-C(Cp*1)(av.) 2.614, Yb1-Cp*1(Rmp) 2.32(2), Yb2-O1 2.376(8), Yb2-S2 2.780(3), Yb2-S3 2.652(3), Yb2-S4 2.844(2), Yb2-C(Cp*2)(av.) 2.636, Yb2-Cp*2(Rmp) 2.35(2), Yb3-O2 2.355(13), Yb3-S1 2.741(3), Yb3-S4 2.680(2), Yb3-S6 2.689(3), Yb3-C(Cp*3)(av.) 2.62, Yb3-Cp*3(Rmp) 2.33(2), As3-C31 2.071(10), As1-As2 2.487(2), As1-S1 2.265(3), As1-S2 2.237(3), As2-S3 2.203(3), As2-S4 2.259(3), As3-S5 2.277(2), As3-S6 2.300(3); Yb1-S2-Yb2 92.79(8), Yb2-S4-Yb3 155.83(10), C31-As3-S5 103.6(3), As1-S2-Yb1 90.63(8), As2-As1-S1 96.57(8), O1-Yb2-S2 155.4(2), O1-Yb2-S3 92.1(2), O2-Yb3-S1 72.6(2), S1-Yb1-S2 79.78(7), S1-Yb3-S4 79.16(8), S1-As1-S2 100.95(9), S2-Yb2-S3 84.11(8), S3-As2-S4 98.34(10), S4-Yb2-S3 75.73(8), S4-Yb2-C(Cp*2) 177.6(2), S5-As3-S6 99.10(9).

Die As-As-Bindung ist mit 2.487(2) Å (As1-As2) im Vergleich zu Realgar (2.566(1) Å) und zur Verbindung $[Cp^{Et}Co(CO)As_4S_4]$ (Cp^{Et} = Me_4EtC_5) (2.519(6) Å) verkürzt.[36,85] Die S-As-S-Winkel sind mit 100.95(9)° (S1-As1-S2) bzw. 98.34(10)° (S3-As2-S4) mit den entsprechenden Winkeln in $[Cp^{Et}Co(CO)As_4S_4]$ (100.1(2)°, 100.5(2)°) vergleichbar.[36] Die S-As-S-Winkel in Realgar sind dagegen mit 95.03(7)°, 94.51(8)°, 95.11(7)° und 94.92(8)° deutlich kleiner.[85] Die Yb-S-Bindungen der As_2S_4-Brücke liegen mit durchschnittlich 2.730 Å im vergleichbaren Bereich mit den Yb-S-

Abständen in $[Yb_4S_9I_2(thf)_6]$ (2.724(3) Å, 2.730(3) Å).[11] Die S-Yb-S-Winkel sind mit 79.78(7)° (S1-Yb1-S2) bzw. 75.73(8)° (S4-Yb2-S3) dagegen etwas kleiner als die entsprechenden Winkel in $[Cp_2Yb(S\textit{n}\text{-}Pr)]_2$ (85.6°).[86] Der Yb3-S4-Yb2-Winkel ist mit 155.83(10)° stärker gewinkelt als der Sm3-S7-Sm4-Winkel (167.27(1)°) in Komplex **7** und der Yb-Se-Yb-Winkel in $[(Cp^*{}_2Yb)_2Se]$ (171.09(6)°).[87]

Zusätzlich koordiniert in Verbindung **8** eine AsS_2-Brücke (S5-As3-S6) im μ,η^2-Modus an zwei Ytterbiumatome (Yb1, Yb3). Wie in Verbindung **7** konnte auch hier ein Ligandentransfer eines Cp*-Liganden auf das As-Atom (As3) der AsS_2-Gruppe beobachtet werden. Die As-S-Abstände sind mit 2.277(2) Å (As3-S5) und 2.300(8) Å (As3-S6) im Vergleich zu den As-S-Bindungen der As_2S_4-Brücke wesentlicher kürzer. In der Verbindung $[(K(2.2.2\text{-cryptand}))_2(As_2S_4)]$ (2.314(6) Å, 2.308(6) Å), sowie in $[Cp`NbAs_2S_6]$ (2.257(1) Å, 2.271(1) Å) konnten ähnliche Bindungsabstände beobachtet werden.[40,88] Der Cp*-Ligand der neugebildeten Cp^*AsS_2-Brücke bindet ebenfalls im η^1-Modus an As3 und der As-C(Cp*)-Abstand liegt mit 2.071(10) Å im vergleichbaren Bereich wie in Verbindung **7** (2.075(7) Å, 2.087(7) Å) und den Komplexen $[Cp^*AsNH]_4$ (2.045(6) Å, 2.059(7) Å) und $[Cp^*AsClN(SiMe_3)_2]$ (2.071(3) Å).[80] Der S5-As3-S6-Winkel ist mit 99.10(9)° gegenüber den AsS_2-Brücken in $[(Cp^*Mo)_2(CO)_2As_2S_4{\cdot}2Cr(CO)_5]$ (91.5(1)°, 91.2(1)°) signifikant aufgeweitet.[79] Die beobachteten S-As-S-Winkel in Verbindung **7** (98.95(8)°, 100.33(7)°) befinden sich dagegen im gleichen Bereich. Der entsprechende S-As-S-Winkel in der Verbindung $[(Cp`Nb)_2As_2S_6]$ ist mit 102.27(4)° leicht größer.[40] Die Yb-S-Bindungen der AsS_2-Brücke (Yb1-S5, Yb1-S6, Yb3-S6) sind mit durchschnittlich 2.716 Å länger als die vergleichbaren Bindungen in $[Cp_2Yb(S\textit{n}\text{-}Pr)]_2$ (2.705 Å) und $[Yb(SPh)_3(py)_3]$ (2.647 Å).[86,89] Das Yb1-Atom ist quadratisch pyramidal koordiniert. Vier Schwefelatome (S1, S2, S5, S6) bilden die Basis der Pyramide, während Cp*1 die apikale Position einnimmt. Aufgrund des kleineren Ionenradius von Ytterbium sind die durchschnittlichen Yb1-C(Cp*1)-Abstände (2.617 Å) im Vergleich zu **7** kürzer. Das Yb2-Atom wird verzerrt trigonal-bipyramidal koordiniert. Die Schwefelatome S2 und S3 nehmen die äquatorialen Positionen ein, während S4 und Cp*2 die apikalen Positionen besetzen. Zur Absättigung der Koordinationssphäre koordiniert noch ein Molekül THF in äquatorialer Position an Yb2. Die durchschnittlichen Yb2-C(Cp*2)-Abstände (2.634 Å) und der Yb2-O1-Abstand (2.376(8) Å) sind vergleichbar mit den entsprechenden Bindungslängen in $[Cp^*{}_2YbCl(thf)]$ (Yb-C(Cp*)(av.) 2.66 Å, Yb-O 2.362(4) Å).[90] Das Yb-Atom Yb3 ist von fünf Liganden trigonal-bipyramidal umgeben. Zwei Schwefelatome (S1, S6) und Cp*3 nehmen die äquatorialen Positionen ein. Ein weiteres S-Atom (S4) besetzt eine der apikalen Positionen. Zur Absättigung der Koordinationssphäre koordiniert noch ein Molekül THF in apikaler Position an Yb3. Der Yb3-O2-Abstand ist mit 2.355(13) Å im Vergleich zu Yb2-O1 unwesentlich kürzer. Der mittlere Yb3-C(Cp*3)-Abstand beträgt 2.62 Å und liegt im selben Bereich wie die mittleren Yb1-C(Cp*1)- und Yb2-C(Cp*2)-Abstände.

Im Zuge der Messung eines Ramanspektrums für Verbindung **8** konnte das Auftreten einer Fluoreszenz beobachtet werden, weshalb keine aussagefähigen Daten erhalten werden konnten. Deshalb wurden die Lumineszenzeigenschaften dieser Verbindung eingehender untersucht (siehe Kap. 3.2.3).

Die neuen Verbindungen **7** und **8** beweisen eindrucksvoll, dass die Lanthanoide trotz einer analogen Reaktivität zu einer reichhaltigen und einzigartigen Strukturchemie befähigt sind. Es ist zu erwarten, dass eine Untersuchung der Reaktivität gegenüber As_4S_4 für weitere zweiwertige Lanthanoide zur Isolierung neuer Typen von Ln-AsS-Clustern führen sollte.

3.2.1.3 Darstellung von $[(Cp'''Sm)_3(AsS_3)_2]$ (9)

Der Komplex $[(Cp'''Sm)_3(AsS_3)_2]$ (**9**) konnte durch die Reduktion von As_4S_4 mit der zweiwertigen Verbindung $[Cp'''_2Sm]$ (Cp''' = 1,2,4-(*t*-Bu)$_3C_5H_2$) erhalten werden (Schema 3.7). Durch die Verwendung des gegenüber Cp* sterisch anspruchsvolleren Cp'''-Liganden sollte der Einfluss des Liganden auf die Bildung der Ln-As-S-Komplexe untersucht werden. Dafür wurden die beiden Edukte in einer Doppelampulle in THF für 18 Stunden gerührt und die Lösung anschließend dekantiert. Während der Reaktion kommt es zu einer Farbänderung von violett nach rot. Durch langsames Einengen der klaren Lösung konnten für die Einkristallröntgenstrukturanalyse geeignete Kristalle mit 48 % Ausbeute erhalten werden. Der Komplex **9** wurde zudem mittels IR- und NIR-Spektroskopie charakterisiert.

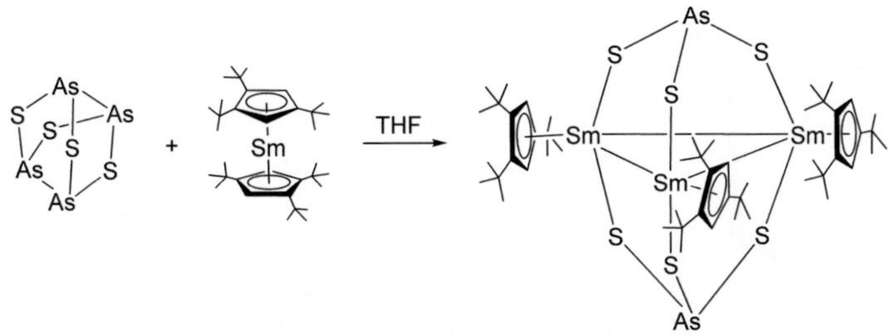

9

Schema 3.7. Synthese von [(Cp```Sm)$_3$(AsS$_3$)$_2$] (**9**).

Der Sm-Komplex **9** kristallisiert in der monoklinen Raumgruppe $P2_1/n$ mit vier Molekülen Komplex und vier Molekülen THF in der Elementarzelle (Abbildung 3.23). Der trimetallische Komplex besteht aus zwei AsS$_3$-Liganden, die über die Schwefelatome an die drei Sm-Atome koordiniert sind. Die As-S-Abstände innerhalb der AsS$_3$-Pyramiden sind nicht äquidistant und liegen zwischen 2.266(1) Å und 2.246(2) Å. Mit durchschnittlich 2.259 Å liegen die As-S-Bindungen im gleichen Bereich wie in der Verbindung [(1,4-(SMe)$_2$C$_6$H$_4$)$_3$As$_2$] (2.25 Å).[91] Die Verbindung [(tepa)$_2$La$_2$(AsS$_3$)$_2$] (tepa = Tetraethylenpentaamin) weist mit As-S-Bindungen zwischen 2.227(1) Å und 2.249(1) Å kürzere Abstände auf.[92] Die S-As-S-Winkel (durchschnittlich 100.05°) in **9** sind gegenüber den entsprechenden Winkeln in [(Cp`Nb)$_2$As$_2$S$_6$] (durchschnittlich 93.83°) aufgeweitet.[40] Die Winkel im Lanthan-Komplex [(tepa)$_2$La$_2$(AsS$_3$)$_2$] (96,93(4)° - 101.73(4)°) liegen im vergleichbaren Bereich.[92] Für die Winkel an As-Atomen verschiedener Sulfosalze wurden Werte zwischen 96° und 98° gefunden.[74-75] Die Schwefelatome verbrücken jeweils zwei Sm-Atome und die Sm-S-Abstände sind mit durchschnittlich 2.833 Å vergleichbar mit den in **7** (2.853 Å) gefundenen Sm-S-Abständen.

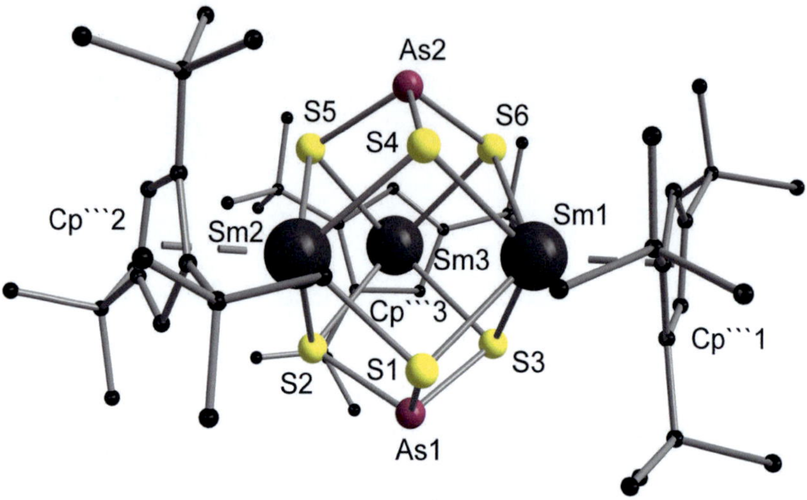

Abbildung 3.23. Molekülstruktur von **9** im Festkörper ohne Darstellung der Wasserstoffatome. Ausgewählte Abstände [Å] und Winkel [°]: Sm1-Sm2 4.089(1), Sm1-Sm3 4.076(1), Sm2-Sm3 4.076(2), Sm1-S1 2.834(1), Sm1-S3 2.847(1), Sm1-S4 2.829(1), Sm1-S6 2.806(2), Sm1-C(Cp'''1)(av.) 2.702, Sm1-Cp'''1(Rmp) 2.416(5), Sm2-S1 2.814(2), Sm2-S2 2.813(1), Sm2-S4 2.849(1), Sm2-S5 2.837(1), Sm2-C(Cp'''2)(av.) 2.702, Sm2-Cp'''2(Rmp) 2.416(5), Sm3-S2 2.844(1), Sm3-S3 2.848(1), Sm3-S5 2.828(1), Sm3-S6 2.822(1), Sm3-C(Cp'''3)(av.) 2.699, Sm3-Cp'''3(Rmp) 2.412(5), As1-As2 5.669(3), As1-S1 2.266(1), As1-S2 2.261(1), As1-S3 2.246(2), As2-S4 2.261(1), As2-S5 2.255(1), As2-S6 2.263(1); Sm1-Sm2-Sm3 59.89(5), Sm1-Sm3-Sm2 60.22(5), Sm3-Sm1-Sm2 59.89(5), Sm1-S1-Sm2 92.78(4), Sm1-S4-Sm2 92.13(4), Sm1-S1-As1 92.77(5), Sm1-S4-As2 90.77(4), Sm2-S1-As1 91.17(4), Sm2-S4-As2 92.95(4), S1-Sm1-S3 74.56(4), S1-Sm1-S4 77.49(4), S1-Sm1-S6 123.21(4), S3-Sm1-S4 122.38(4), S3-Sm1-S6 78.36(4), S4-Sm1-S6 76.61(4), S1-As1-S2 100.74(5), S1-As1-S3 99.38(5), S2-As1-S3 99.81(5), S4-As2-S5 98.84(5), S4-As2-S6 101.08(5), S5-As2-S6 100.42(5).

Die sechs Schwefelatome bilden ein trigonales Prisma, deren Basisflächen von den zwei Arsenatomen überkappt sind. Die Seitenflächen werden von den drei Samariumatomen überkappt (Abbildung 3.24). Die drei Sm-Atome sind quadratisch pyramidal umgeben. Die basalen Positionen sind dabei von Schwefelatomen der zwei AsS_3-Brücken besetzt und die apikalen Positionen werden von je einem Cp'''-Liganden eingenommen. Die mittleren Sm-C(Cp''')-Abstände sind mit 2.702 Å (Sm1-C(Cp'''1), 2.702 Å (Sm2-C(Cp'''2) und 2.699 Å (Sm3-C(Cp'''3) im Vergleich zu [Cp'''$_2$Sm] (Sm-C(Cp''')(av.) 2.798 Å) verkürzt.[93]

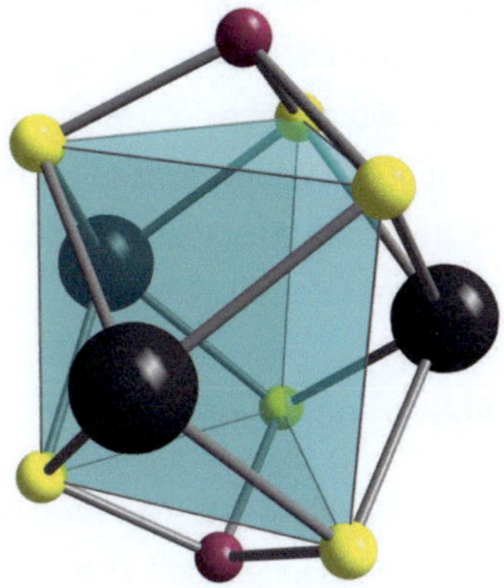

Abbildung 3.24. Fünffach überkapptes trigonales Prisma der Schwefelatome in **9**.

Das NIR-Spektrum von **9** zeigt Absorptionsbanden bei 9293 cm^{-1}, 7842 cm^{-1} und 6529 cm^{-1} (Abbildung 3.25). Die Banden werden den Übergängen in die $^6F_{9/2}$, $^6F_{7/2}$ und $^6F_{3/2}$ Zustände zugeordnet. Das für Sm(III)-Verbindungen charakteristische Absorptionsmuster ist vergleichbar mit dem beobachteten Muster für **5**. Vergleichbare Muster wurden ebenfalls für die NIR-Spektren von [{(DIP$_2$pyr)Sm(thf)$_2$}P$_5$(Cp*Fe)] und Sm(III)/POCl$_3$/ZrCl$_4$ berichtet.[28,59]

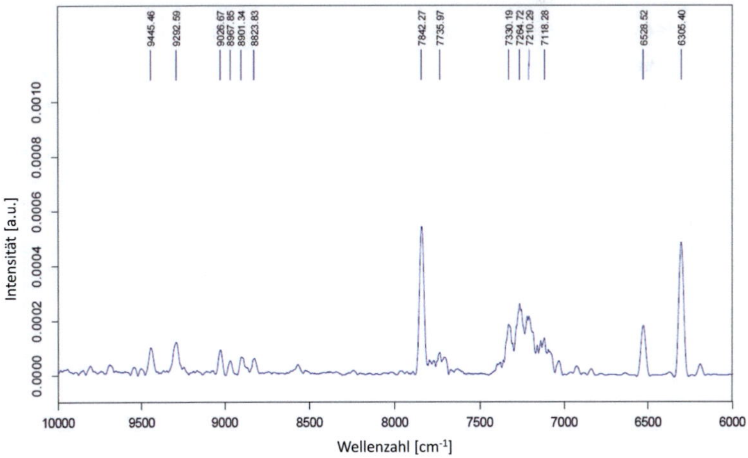

Abbildung 3.25. NIR-Spektrum von Verbindung **9**.

Im Gegensatz zu **7** und **8** konnte bei der Bildung von **9** kein Ligandentransfer beobachtet werden. Stattdessen konnte die Bildung zweier AsS_3-Brücken beobachtet werden. Tsai *et al.* konnten zeigen, dass der Transfer eines Cp-Liganden von seinem sterischen Anspruch abhängt.[94] Deshalb scheint die Bildung einer Cp```AsS_2-Einheit aufgrund des größeren sterischen Anspruchs des Cp```-Liganden, im Vergleich zu einem Cp*-Liganden, nicht stattzufinden.

3.2.2 Lanthanoid-Cluster aus Dimorphit

Aufgrund der bisherigen Ergebnisse bei der Fragmentierung von Realgar sollte neben der Variation des Cp-Liganden und des Lanthanoids die Reaktion eines anderen Arsensulfid-Minerals mit zweiwertigen Lanthanoiden untersucht werden. Aufgrund der Ähnlichkeit in der Chemie von As_4S_3 und As_4S_4, wobei letzteres hauptsächlich für die Synthese von Komplexen mit gemischten As/S-Liganden verwendet wird, wurde hierfür As_4S_3 ausgewählt.[31,34,79] Bisher sind nur wenige Reaktionen von As_4S_3 mit Übergangsmetallkomplexen beschrieben.[36,95] Neben der Insertion eines Co-Fragments in eine basale As-As-Bindung, ist vor allem die Fragmentierung des Käfigs beobachtet worden.

3.2.2.1 Darstellung von [(Cp*Yb)$_3$(AsS$_3$)$_2$] (10)

Um diese Idee zu realisieren, wurden die Lanthanoid-Verbindungen [$Cp^R{}_2$Ln(thf)$_n$] (R = Me_5, Ln = Sm, Yb, n = 2; R = 1,2,4-(*t*-Bu)$_3$, n = 0) mit As_4S_3 in THF umgesetzt. Bei den Reaktionen mit den Sm-Verbindungen und der Yb-Verbindung [Cp```$_2$Yb] konnte zwar eine Reaktion beobachtet werden jedoch gelang die Isolierung eines Produkts bislang noch nicht. Die Umsetzung mit [Cp*$_2$Yb(thf)$_2$] führte zu der Verbindung [(Cp*Yb)$_3$(AsS$_3$)$_2$] (**10**) (Schema 3.8).

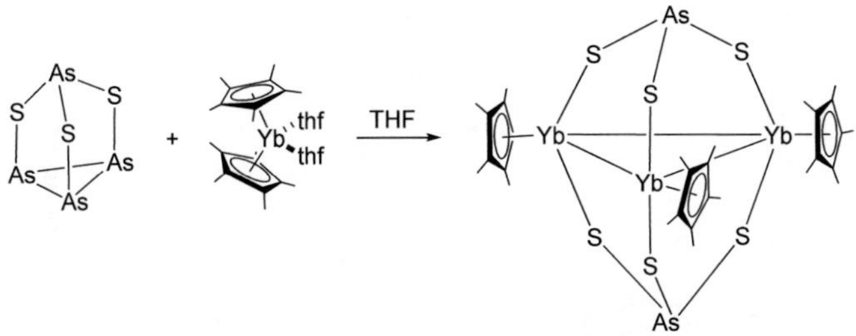

10

Schema 3.8. Synthese von $[(Cp^*Yb)_3(AsS_3)_2]$ (**10**).

Dazu wurde die Reaktionsmischung für 18 Stunden bei Raumtemperatur in THF gerührt und das Lösemittel anschließend entfernt. Der Rückstand wurde mit *n*-Heptan extrahiert und anschließend filtriert. Durch Einengen der Lösung konnten für die Einkristallröntgenstrukturanalyse geeignete Kristalle in nur geringen Ausbeuten erhalten werden. Komplex **10** wurde zudem mittels IR- und NIR-Spektroskopie charakterisiert.

Komplex **10** kristallisiert in der triklinen Raumgruppe $P\bar{1}$ mit zwei Molekülen Komplex in der Elementarzelle (Abbildung 3.26). Der Clusterkern ist isostrukturell zu **9**. Die As-S-Abstände innerhalb zwei der AsS_3-Pyramiden liegen mit durchschnittlich 2.258 Å im gleichen Bereich wie in Verbindung **9** und der Verbindung $[(phen)_3Mn(AsS_4)(AsS_3)]_n$ (phen = 1,10-Phenanthrolin) (durchschnittlich 2.251(4) Å).[96]

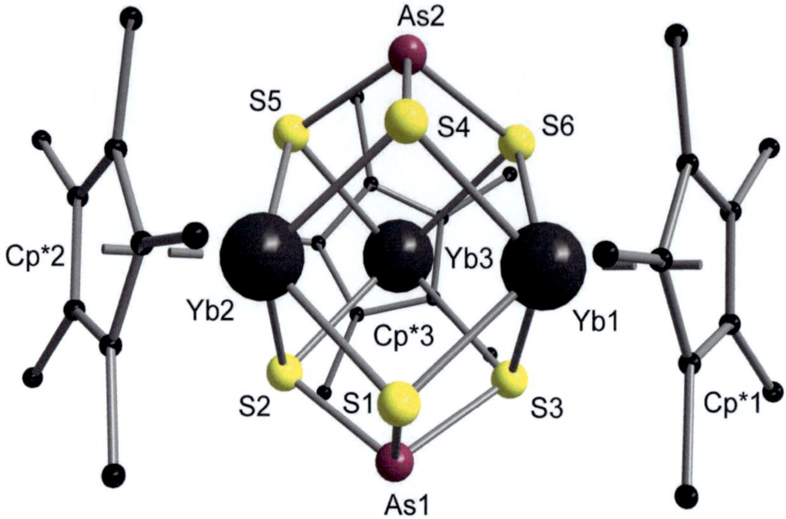

Abbildung 3.26. Molekülstruktur von **10** im Festkörper ohne Darstellung der Wasserstoffatome. Ausgewählte Abstände [Å] und Winkel [°]: Yb1-Yb2 3.803(3), Yb1-Yb3 3.817(3), Yb2-Yb3 3.789(3), Yb1-S1 2.712(3), Yb1-S3 2.727(3), Yb1-S4 2.717(3), Yb1-S6 2.737(3), Yb1-C(Cp*1)(av.) 2.553, Yb1-Cp*1(Rmp) 2.248(12), Yb2-S2 2.717(3), Yb2-S1 2.720(3), Yb2-S4 2.706(3), Yb2-S5 2.728(3), Yb2-C(Cp*2)(av.) 2.544, Yb2-Cp*2(Rmp) 2.240(11), Yb3-S2 2.716(3), Yb3-S3 2.734(3), Yb3-S5 2.729(3), Yb3-S6 2.717(3), Yb3-C(Cp*3)(av.) 2.548, Yb3-Cp*3(Rmp) 2.244(12), As1-As2 5.622(1), As1-S1 2.254(3), As1-S2 2.260(3), As1-S3 2.269(3), As2-S4 2.246(3), As2-S5 2.250(3), As2-S6 2.268(3); Yb1-Yb2-Yb3 (10), Yb1-Yb3-Yb2 (9), Yb3-Yb1-Yb2 (10), Yb1-S1-Yb2 88.87(9), Yb1-S4-Yb2 89.04(9), Yb1-S1-As1 91.32(11), Yb1-S4-As2 91.50(11), Yb2-S1-As1 90.81(11), Yb2-S4-As2 91.82(11), S1-Yb1-S3 78.47(9), S1-Yb1-S4 79.00(9), S1-Yb1-S6 127.25(9), S3-Yb1-S4 126.97(9), S3-Yb1-S6 78.52(9), S4-Yb1-S6 78.25(9), S1-As1-S2 99.38(12), S1-As1-S3 99.05(12), S2-As1-S3 99.10(12), S4-As2-S5 98.64(12), S4-As2-S6 99.37(12), S5-As2-S6 99.14(12).

Die S-As-S-Winkel der AsS_3-Pyramiden sind mit durchschnittlich 99.11° mit den entsprechenden Winkeln in **9** und $[(phen)_3Mn(AsS_4)(AsS_3)]_n$ 100.15° vergleichbar.[96] Wie zu erwarten, sind aufgrund des kleineren Ionenradius die Yb-S-Abstände (durchschnittlich 2.722 Å) im Vergleich zu **9** um ca. 0.11 Å verkürzt. Die Yb-S-Abstände sind mit jenen Abständen vergleichbar, welche für die Verbindung $[Yb_4S_9I_2(thf)_6]$ (2.724(3) Å, 2.730(3) Å) berichtet wurden.[11] Im Gegensatz dazu sind die Yb-S-Bindungsabstände in $[Yb(SPh)_3(py)_3]$ mit durchschnittlich 2.647 Å kürzer.[89] Innerhalb der Koordinationssphäre der Ytterbiumatome bilden, wie für die Samariumverbindung **9**, je vier Schwefelatome der AsS_3-Brücken die Basis einer quadratischen Pyramide. Die apikalen Positionen werden von je einem Cp*-Liganden eingenommen. Die Yb-C(Cp*)-Abstände in **10** sind mit durchschnittlich 2.548 Å gegenüber dem entsprechenden Abstand in [Cp*Yb{$(CH_2)_2PPh_2$}$_2$] (2.62(2) Å) verkürzt.[97] Die sechs Schwefelatome bilden, wie in Verbindung **9** beobachtet, ein fünffach-überkapptes trigonales Prisma. Die As-Atome besetzen die Positionen über den Basisflächen. Die As-As-Abstände der beiden Verbindungen **9** und **10** sind mit 5.669(3) Å (**9**) bzw. 5.622(1) Å (**10**) nahezu identisch. Aufgrund des kleineren Ionenradius von Ytterbium, sind die Yb-Yb-Abstände mit durchschnittlich 3.803 Å kürzer als die Sm-Sm-Abstände mit durchschnittlich 4.080 Å in **9**.

Wie schon im Falle von Verbindung **8** konnte auch für den Komplex **10** eine Fluoreszenz während der Aufnahme eines Ramanspektrums beobachtet werden. Auch für **10** sind deshalb die Lumineszenzeigenschaften näher untersucht worden (siehe Kap. 3.2.3).

Zusammenfassend lässt sich festhalten, dass die Umsetzung von zweiwertigen Lanthanoidverbindungen mit neutralen AsS-Käfigmolekülen zu neuartigen Clustern mit über AsS-Liganden verbundenen Organometallfragmenten führt. Neben der literaturbekannten AsS_3-Brücke, sind zudem zwei neuartige AsS-Liganden gebildet worden. Durch Fragmentierung von As_4S_4 konnte eine As_2S_4-Brücke erhalten werden. Außerdem führt der Ligandentransfer eines Cp*-Liganden auf eine AsS_2-Einheit zur Bildung einer Cp*AsS_2-Brücke. Die Produkte zeigen sowohl eine von den Edukten As_4S_n (n = 3, 4) verschiedene As-S-Konnektivität als auch As-S-Stöchiometrie. Des Weiteren deutet die Bildung der quasiisostrukturellen Komplexe **9** und **10** aus unterschiedlichen As-S-Verbindungen auf eine Fragmentierung der Käfigmoleküle während der Umsetzung hin. Bei Reaktionen von reaktiven Übergangsmetallkomplexen mit As_4S_4 und As_4S_3 konnte ebenfalls eine Fragmentierung der Käfigmoleküle beobachtet werden.[31,34,38,73] Da die Lanthanoidatome während der Reaktion oxidiert werden, scheint die Übertragung von Elektronen auf die Käfigmoleküle zur Spaltung von As-S- und As-As-Bindungen zu führen.

3.2.3 Photolumineszenzmessungen an den Komplexen 8 und 10

In Kooperation mit:
Prof. Dr. Manfred Kappes und Dr. Sergei Lebedkin, Institut für Nanotechnologie, Karlsruher Institut für Technologie

Wie die magnetischen Eigenschaften, wird die Lumineszenz der Lanthanoide nur in sehr geringem Ausmaß durch die Ligandenhülle beeinflusst.[98] Die einzige Ausnahme stellt der $^5D_0$-$^7F_2$ Übergang in Eu(III)-Verbindungen dar, dessen Wellenlänge durch die Wahl der Liganden sowie der Punktsymmetrie variiert werden kann.[99] Die Laporte verbotenen *4f-4f*-Übergänge in Ln(III)-Ionen führen zu kleinen Extinktionskoeffizienten durch direkte Anregung. Aufgrund der Laporte erlaubten *4f-5d*-Übergänge weisen die Ln(II)-Ionen einen größeren Extinktionskoeffizienten auf. Die beiden Lanthanoide Europium und Terbium emittieren Licht im sichtbaren Bereich des Spektrums (360 nm - 760 nm). Neodym, Erbium und Ytterbium sind in der Lage im nahen Infrarotbereich (NIR) zu emittieren (760 nm - 2500 nm). Die übrigen Lanthanoide zeigen dagegen nur sehr schwache Lumineszenzeigenschaften.[98] Aufgrund der besseren Luminesenzeigenschaften von Yb(III)- gegenüber Sm(III)-Verbindungen wurden die photochemischen Eigenschaften der Ytterbiumverbindungen **8** und **10** untersucht.

Beide Verbindungen zeigen bei 17 K eine schwache Emission bei 1016 nm (**8**) bzw. 1026 nm (**10**) (Abbildung 3.27 und 3.28). Die beobachteten Emissionen entsprechen dabei dem $^2F_{5/2} \rightarrow {}^2F_{7/2}$ Übergang der Yb(III)-Ionen.

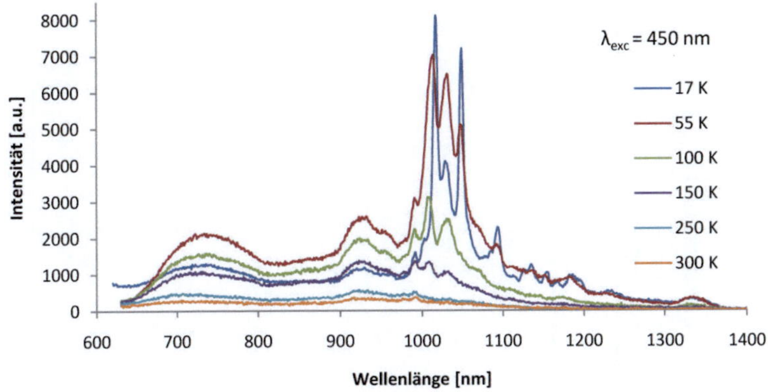

Abbildung 3.27. Emissionsspektrum von Verbindung **8**.

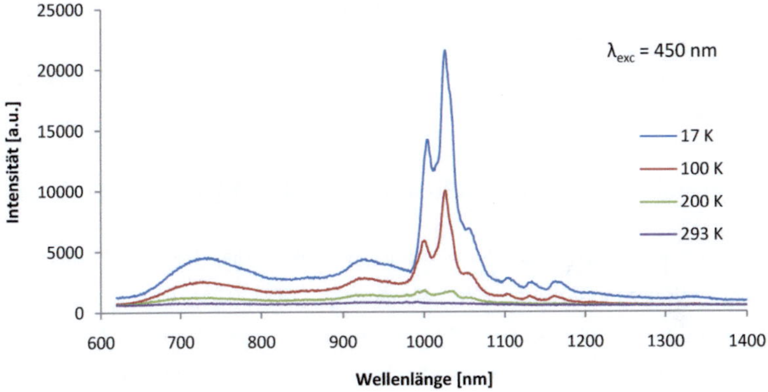

Abbildung 3.28. Emissionsspektrum von Verbindung **10**.

Bei steigender Temperatur wird die beobachte Emission der Komplexe schnell schwächer und ist bei Raumtemperatur nicht mehr messbar. Die schwache Emission deutet auf eine sehr effektive strahlungslose elektronische Relaxation hin. Dies steht in Einklang mit der beobachteten schnellen Kinetik der Photolumineszenz am Beispiel von **10** (Abbildung 3.29).

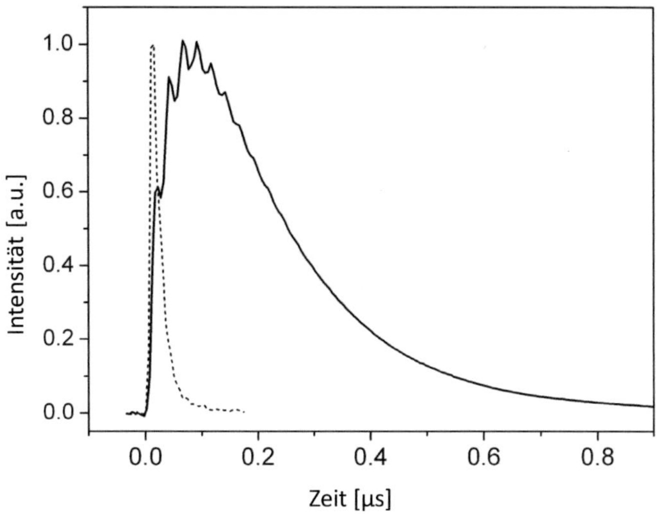

Abbildung 3.29. Zeitabhängiges Emissionsspektrum von **10** (schwarz). Instrumentelle Zeitauflösung (gestrichelt).

3.3 Darstellung des Sm-Cu-Clusters $[(Cp^*Sm(thf))_4Cu_4S_6]$ (11)

Die Koordination von Cu(I)-Verbindungen über die P-Donor-Funktionen an Polyphosphide führt im Fall der Verbindung $[(CpMo(CO)_2)P]_2$ zu Koordinations-Oligomeren bzw. -Polymeren. [67,100] Eine vergleichbare Chemie mit den schwereren Homologen des Phosphors wurde durch Rösler *et al.* und Wachter *et al.* für die Verbindungen $[Cp^*Mo(CO)_2As_3]$ und $[CpMo(CO)_2Sb]_2$ berichtet.[101-102] Die Koordinationschemie von gemischten AsS-Verbindungen gegenüber Cu(I)-Verbindungen ist noch wenig untersucht. Die von Wachter *et al.* dargestellten Verbindungen $[(Cp^*Mo)_2As_2S_3(CuX)_2]_n$ (X = Cl, Br) und $[\{(Cp^*Mo)_2As_2S_3\}_3(CuI)_7]$ stellen die ersten Beispiele für eine solche Koordination dar.[41] Die Koordination erfolgt dabei ausschließlich über die freien Elektronenpaare der Sulfid-Brücken. Die Umsetzungen von E_4S_3 (E = P, As) mit Cu(I)-Halogeniden führten zu Polymeren. In den Verbindungen mit P_4S_3 sind die Cu-Atome ausschließlich über die P-Atome koordiniert. In den As_4S_3-Verbindungen konnte bisher nur eine Koordination der Cu-Atome über die Schwefelatome beobachtet werden.[103] Da die Bildung von Polymeren durch As-haltige Liganden mit Cu-Halogeniden bekannt ist, sollte durch die Auswahl von geeigneten Ausgangsverbindungen auch die Koordination von Cu(I) an As-Atome in Komplexen mit gemischten AsS-Liganden möglich sein.[101,104]

Um dieses Ziel zu erreichen, wurde die Verbindung **9** mit [CuMes] (Mes = 2,4,6-Trimethylphenyl) umgesetzt. Die sterische Abschirmung der Schwefelbrücken durch die Cp'''-Liganden und die freie Koordinationsstelle des As-Atoms sollte die Koordination eines Cu-Atoms an dieses ermöglichen. Anstatt des erwarteten Produktes gelang die Darstellung des arsenfreien Clusters [(Cp*Sm(thf))$_4$Cu$_4$S$_6$] (**11**) (Schema 3.9). Dafür wurden die Edukte in THF für 18 Stunden bei Raumtemperatur gerührt. Nach Filtration und durch langsames Einengen der Lösung konnten für die Einkristallröntgenstrukturanalyse geeignete Kristalle in einer Ausbeute von 70 % erhalten werden. Die Darstellung weiterer Ln-S-Cu-Cluster aus den Verbindungen **7** und **8** gelang bisher nicht. Der Komplex **11** wurde zudem mittels IR- und NIR-Spektroskopie charakterisiert.

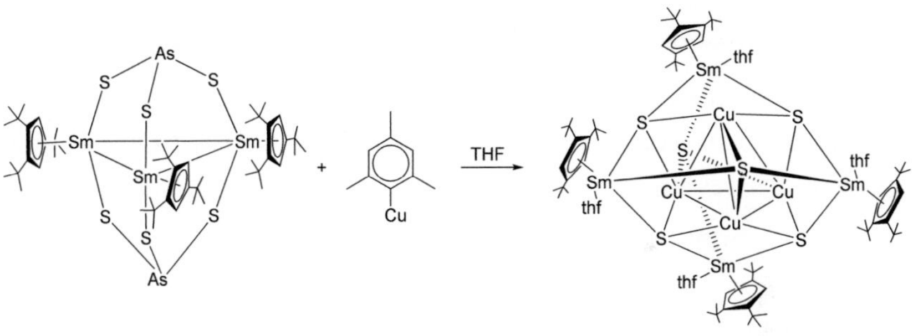

11

Schema 3.9. Synthese von [(Cp*Sm(thf))$_4$Cu$_4$S$_6$] (**11**).

Der Sm-Cu-Komplex **11** kristallisiert in der orthorhombischen Raumgruppe *F*dd2 mit acht Molekülen Komplex in der Elementarzelle (Abbildung 3.30).

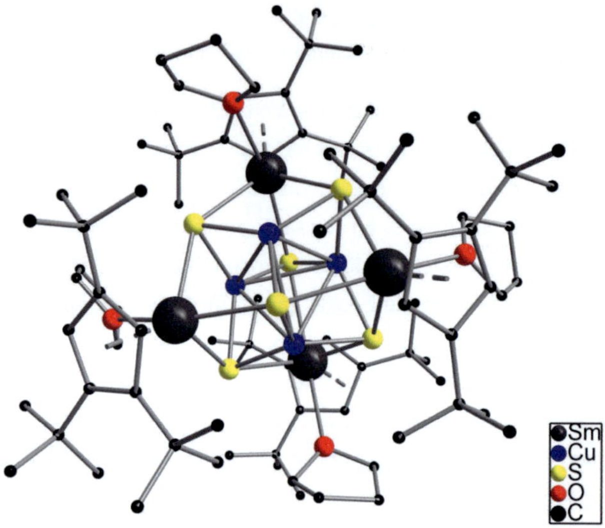

Abbildung 3.30. Molekülstruktur von **11** im Festkörper ohne Darstellung der Wasserstoffatome.

Um die Diskussion der Struktur von **11** übersichtlicher zu gestalten, soll dies anhand von Abbildung 3.31, in welcher die organischen Liganden Cp``` und THF nicht explizit dargestellt sind, geschehen.

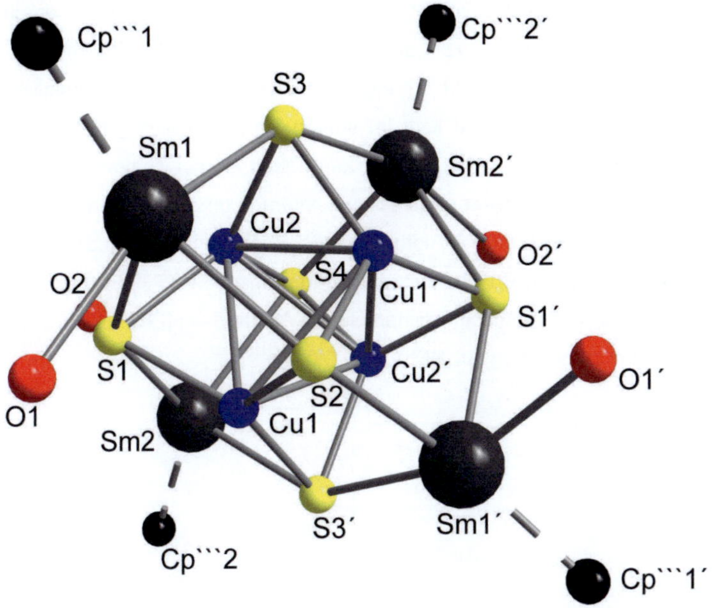

Abbildung 3.31. Molekülstruktur von **11** im Festkörper ohne Darstellung der Wasserstoffatome. Der Übersichtlichkeit halber sind lediglich die O-Atome der THF-Moleküle dargestellt und die Cp```-Ringe der Sm-Atome sind als schwarze Kugeln repräsentiert. Ausgewählte Abstände [Å] und Winkel [°]: Sm1-Cu1 3.073(1), Sm1-Cu2 3.171(1), Sm1-O1 2.556(7), Sm1-S1 2.787(2), Sm1-S2 2.767(2), Sm1-S3 2.830(2), Sm1-C(Cp```1)(av.) 2.754, Sm1-Cp```1(Rmp) 2.474(2), Sm2-Cu1 3.172(2), Sm2-Cu2 3.070(1), Sm2-O2 2.594(7), Sm2-S1 2.801(2), Sm2-S3´ 2.817(3), Sm2-S4 2.776(3), Sm2-C(Cp```2)(av.) 2.757, Sm2-Cp´´´2(Rmp) 2.478(3), Cu1-Cu1´ 2.821(2), Cu1-Cu2 2.815(2), Cu1-Cu2´ 2.859(2), Cu1-Cu1´ 2.821(2), Cu2-Cu1´ 2.859(2), Cu2-Cu2´ 2.792(2), Cu1-S1 2.262(3), Cu1-S2 2.271(3), Cu1-S3´ 2.240(3), Cu2-S1 2.268(3), Cu2-S3 2.241(3), Cu2-S4 2.279(3); Sm1-S1-Sm2 142.48(9), Sm1-S2-Sm1´ 142.76(15), Sm1-S3-Sm2´ 143.93(9), Sm2-S4-Sm2´ 142.18(14), Cu1-S1-Sm1 74.16(7), Cu1-S1-Sm2 76.77(7), Cu1-S1-Cu2 76.83(8), O1-Sm1-S3 159.7(2), O1-Sm1-Cp```1(Rmp) 98.2(2), O2-Sm2-S3´ 158.6(2), S1-Sm1-S2 90.35(7), S1-Sm1-S3 87.40(7), S1-Sm1-Cp```1(Rmp) 130.0(2), S2-Sm1-S3 88.09(7), S2-Sm1-Cp```1(Rmp) 138.4(2), S3-Sm1-Cp```1(Rmp) 101.8(2), S1-Cu1-S2 120.70(8), S1-Cu1-S3´ 118.85(10), S1-Cu2-S4 121.24(8), S1-Cu2-S3 118.76(10), S2-Cu1-S3´ 119.25(8), S3-Cu2-S4 119.05(8).

Die Struktur des Clusterkerns besteht aus einem verzerrten, adamantan-ähnlichen Cu_4S_6-Fragment und ist vergleichbar mit dem von Eichhöfer *et al.* berichteten Clusteranion $[Cu_4(SPh)_6]^{2-}$.[105] Sechs Schwefelatome verbrücken vier Kupferatome, was zu einer trigonal-planaren Koordination der Cu-Atome führt. Die Cu-S-Bindungen in **11** liegen zwischen 2.240(3) Å und 2.279(3) Å und sind mit durchschnittlich 2.260 Å im Vergleich zu der Verbindung $[(Li(15\text{-Krone-5})thf)_2(Cu_4(SPh)_6)]$ (durchschnittlich Cu-S 2.283 Å) etwas kleiner.[105] Der durchschnittliche S-Cu-S-Winkel beträgt 119.64° und liegt im selben Bereich wie in $[Ph_4P]_2[Cu_4(SPh)_6]$ mit durchschnittlich 120°.[106] Die Struktur kann auch als ein Tetraeder aus Cu-Atomen, welcher von einem Oktaeder aus Schwefelatomen umgeben ist, angesehen werden. Dabei befinden sich die S-Atome jeweils über den Kanten des Cu-Tetraeders (Abbildung 3.32). Die Cu-Cu-Abstände liegen zwischen 2.792(2) Å und 2.859(2) und sind länger als die durchschnittlichen Cu-Cu-Abstände in $[Ph_4P]_2[Cu_4(SPh)_6]$ (2.76 Å) und $[(Li(15\text{-Krone-5})thf)_2(Cu_4(SPh)_6)]$ (2.730 Å).[105-106]

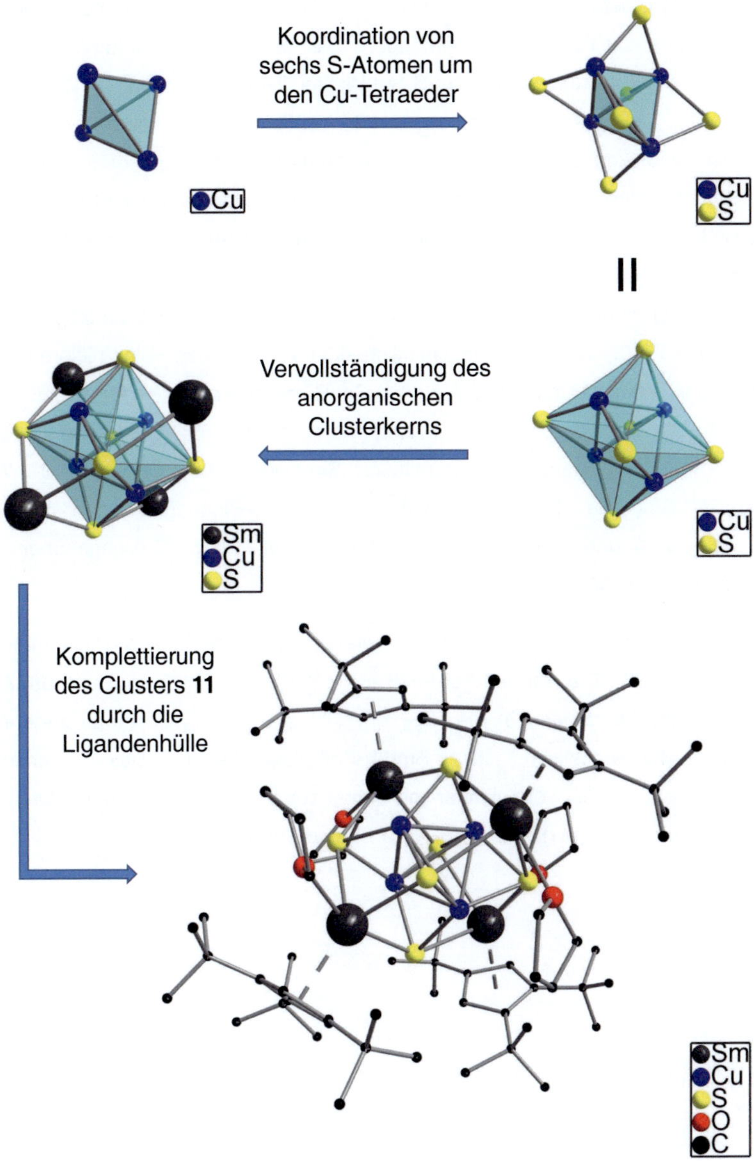

Abbildung 3.32. Aufbau des Clusterkerns und Festkörperstruktur von **11** ohne Darstellung der Wasserstoffatome.

Die nächste Clusterebene besteht aus einem Tetraeder aus Sm-Atomen, welche die Flächen des Cu-Tetraeders überkappen. Die sechs Schwefelatome verbrücken ebenfalls die Sm-Atome. Die Sm-S-Sm-Winkel liegen zwischen 142.18(14)° und 143.93(9)°. Die Sm-Atome sind verzerrt trigonal-bipyramidal koordiniert. Zwei der Monosulfidbrücken und ein Cp'''-Ligand nehmen dabei die äquatorialen Positionen ein. Zur Vervollständigung der Koordinationssphäre nehmen je ein S-Atom und ein Molekül THF die apikalen Positionen ein. Die Sm-S(apikal)-Abstände sind mit 2.830(3) Å (Sm1-S3) und 2.817(3) Å (Sm2-S3´) im Vergleich zu den Sm-S(äquatorial)-Bindungen (Sm1-S1 2.787(2) Å, Sm1-S2 2,767(2), Sm2-S1 2.801(2) Å, Sm2-S4 2.776(3) Å) um durchschnittlich 0.04 Å verlängert. Die mittleren Sm-S-Bindungen in **9** liegen mit 2.833 Å zu den Sm-S(apikal)-Abständen im vergleichbaren Bereich. Die mittleren Sm-C(Cp''')-Abstände sind mit 2.754 Å (Sm1-Cp'''1) sowie 2.757 (Sm2-Cp'''2) länger als die mittleren Sm-C(Cp''')-Abstände in **9** mit 2.701 Å und [Cp'''Sm($AlMe_4$)$_2$] mit 2.706(1) Å.[107] Die Sm-O-Bindungen liegen im Bereich von 2.556(7) Å und 2.594(7) und sind mit durchschnittlich 2.575 Å gegenüber denen in **7** (2.458 Å) deutlich länger.

Die Oxidationsstufe der Samariumatome wurde mittels NIR-Spektroskopie untersucht (Abbildung 3.33). Die Banden bei 9288 cm^{-1}, 7991 cm^{-1}, 7338 cm^{-1} und 6677 cm^{-1} werden den Übergängen in die $^6F_{9/2}$, $^6F_{7/2}$, $^6F_{5/2}$ und $^6F_{3/2}$ Zustände zugeordnet, welche charakteristisch für Sm(III)-Komplexe sind. Das beobachtete Absorptionsmuster ist vergleichbar mit denen von **7**, **9** sowie den berichteten NIR-Spektren von [{(DIP_2pyr)Sm(thf)$_2$}P_5(Cp*Fe)] und Sm(III)/$POCl_3$/$ZrCl_4$.[28,59]

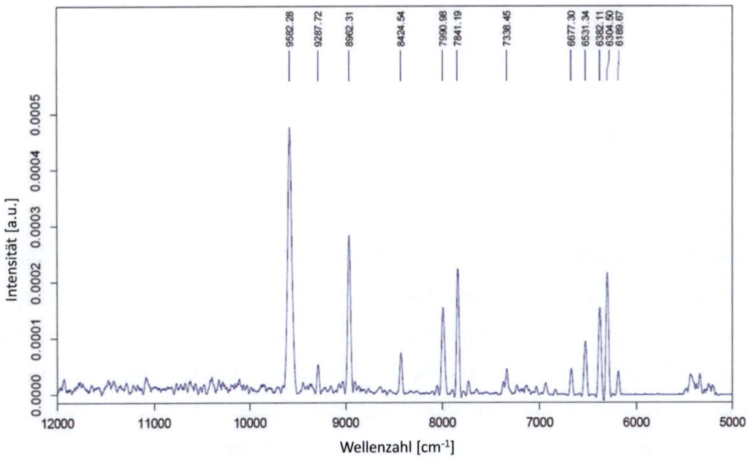

Abbildung 3.33. NIR-Spektrum von Verbindung **11**.

Die unerwartete Bildung des arsenfreien Clusters **11** durch die Umwandlung eines Sm-AsS-Cluster stellt das erste Beispiel eines Lanthanoid-Clusters mit Kupfer in der Oxidationsstufe +I dar. Des Weiteren konnte erstmals die Bildung eines *3d/4f*-Cluster durch Reaktion mit einem Sm-Cluster als Edukt beobachtet werden. Es ist zu erwarten, dass es durch weitere Untersuchungen der Reaktivität von Ln-AsS-Clustern gegenüber Gruppe 11-Verbindungen zu weiteren Cluster-Umlagerungen kommen und die Isolierung neuer Cluster möglich sein sollte.

4 Experimenteller Teil

4.1 Allgemeines zur Durchführung

Allgemeines

Die Handhabung sämtlicher luftempfindlicher Verbindungen wurde unter strengem Ausschluss von Luft und Feuchtigkeit durchgeführt. Dazu wurden ausgeheizte Schlenkgefäße an Hochvakuumapparaturen mit einem Endvakuum von ca. $1 \cdot 10^{-3}$ mbar und Gloveboxen der Firma *MBraun* verwendet. Vorrats- und Reaktionsgefäße wurden über Schlauchverbindungen oder direkt über Schliffverbindungen an die Apparaturen angeschlossen, wiederholt auf Maximalvakuum evakuiert und anschließend mit Stickstoff oder Argon geflutet.

Lösemittel

Kohlenwasserstoffe (*n*-Pentan, *n*-Heptan, Toluol) wurden über eine Lösemitteltrocknungsanlage (SPS 800) der Firma *MBraun* getrocknet. THF wurde aus einer SPS-Anlage entnommen und nochmals über Kalium/Benzophenon unter einer Stickstoffatmosphäre destilliert. Sämtliche Lösemittel wurden in wiederverschließbaren Glasgefäßen unter Stickstoffatmosphäre aufbewahrt. Lösemittel in einer Kondensationsapparatur wurden zusätzlich über $LiAlH_4$ oder über Na/K-Legierung unter vermindertem Druck aufbewahrt und bei -78 °C direkt auf den Reaktionsansatz kondensiert.

Spektroskopie/Spektrometrie

Die Aufnahme von IR/NIR-Spektren erfolgte an einem Tensor 37-Spektrometer der Firma *Bruker*. Ramanspektren wurden an einem MultiRAM-Spektrometer der Firma *Bruker* aufgenommen. Elementaranalysen wurden mit einem Vario El bzw. MicroCube der Firma *Elementar Analysensysteme GmbH* durchgeführt.

4.2 Synthesevorschriften und Analytik

Darstellung bekannter Ausgangsverbindungen

Die folgenden Verbindungen wurden nach literaturbekannten Vorschriften dargestellt:

$[Cp^*_2Ln(thf)_2]$ (Ln = Sm, Yb)[108]

$[Cp'''_2Ln]$ (Ln = Sm, Yb)[93]

As_4S_4[109]

As_4S_3[110]

$[CpMo(CO)_2P]_2$[47]

$[Cp^*Mo(CO)_2P_3]$[111]

4.2.1 Darstellung der Lanthanoid-Phosphor-Cluster

4.2.1.1 [(Cp*$_2$Sm)$_2$P$_2$(CpMo(CO)$_2$)$_4$] (1)

Auf [Cp*$_2$Sm(thf)$_2$] (80 mg, 0.141 mmol) und [CpMo(CO)$_2$P]$_2$ (70 mg, 0.141 mmol) werden bei -78 °C 15 mL Toluol kondensiert und die dunkelrote Reaktionslösung für eine Woche auf 60 °C erhitzt. Durch langsames Einengen der Lösung konnten nach zwei Wochen bei Raumtemperatur rote Kristalle erhalten werden. Die überstehende Lösung wird dekantiert und die Kristalle von [(Cp*$_2$Sm)$_2$P$_2$(CpMo(CO)$_2$)$_4$] mit kaltem Toluol gewaschen. - Ausbeute: 10 mg, 7 %.

IR (ATR, $\tilde{\nu}$/cm^{-1}): 2905 (vw), 2855 (w), 1945 (s), 1905 (vs), 1871 (vs), 1683 (vs), 1636 (s), 1423 (w), 1382 (w), 1007 (w), 811 (vs), 789 (vs), 727 (vw), 693 (vw), 661 (vw), 557 (s), 531 (m).

NIR (ATR, $\tilde{\nu}$/cm^{-1}): 9318 (m), 9151 (m), 8966 (w), 8217 (s), 8048 (vs), 7961 (w), 7790 (w), 7337 (m), 7235 (vw), 6389 (w).

4.2.1.2 [(Cp*$_2$Sm)$_2$P$_4$(CpMo(CO)$_2$)$_2$] (2) und [(Cp*$_2$Sm)$_3$P$_5$(CpMo(CO)$_2$)$_3$] (3)

Durch langsames Entfernen des Lösemittels, konnten aus der Lösung von 4.2.1.1 zwei weitere Arten von orangen Kristallen erhalten werden. Aufgrund der gleichen Löslichkeit und der geringen Ausbeute der beiden Nebenprodukte [(Cp*$_2$Sm)$_2$P$_4$(CpMo(CO)$_2$)$_2$] und [(Cp*$_2$Sm)$_3$P$_5$(CpMo(CO)$_2$)$_3$] konnten keine weiterführenden Analysen durchgeführt werden.

4.2.1.3 [(Cp*$_2$Yb)$_2$P$_2$(CpMo(CO)$_2$)$_4$] (4)

In einer Doppelampulle wird bei -78 °C auf [Cp*$_2$Yb(thf)$_2$] (82 mg, 0.141 mmol) und [CpMo(CO)$_2$P]$_2$ (70 mg, 0.141 mmol) 15 mL Toluol kondensiert und das Gemisch für eine Woche auf 60 °C erhitzt. Über einen Zeitraum von zwei Wochen kristallisiert [(Cp*$_2$Yb)$_2$P$_2$(CpMo(CO)$_2$)$_4$] in Form von dunkelblauen Kristallen. - Ausbeute: 8 mg, 6 %.

IR (ATR, $\tilde{\nu}$/cm^{-1}): 2900 (w), 2856 (w), 1906 (vs), 1874 (vs), 1687 (vs), 1638 (s), 1486 (vw), 1432 (m), 1382 (w), 1107 (vw), 1059 (w), 1007 (m), 790 (s), 585 (m), 553 (s), 504 (m).

NIR (ATR, $\tilde{\nu}$/cm^{-1}): 9803 (s), 8810 (w), 8774 (w), 8464 (w).

4.2.1.4 $[(Cp^*_2Sm)_2P_6(Cp^*Mo(CO)_2)_2]$ (5)

In einer Doppelampulle werden auf eine Mischung aus $[Cp^*_2Sm(thf)_2]$ (178 mg, 0.316 mmol) und $[Cp^*Mo(CO)_2P_3]$ (120 mg, 0.316 mmol) bei -78 °C 15 mL Toluol kondensiert. Die Reaktionsmischung wird für eine Woche auf 60 °C erwärmt und anschließend dekantiert. Über einen Zeitraum von zwei Wochen kristallisiert $[(Cp^*_2Sm)_2P_6(Cp^*Mo(CO)_2)_2]$ in Form roter Nadeln. - Ausbeute: 20 mg, 14 %.

IR (ATR, $\tilde{\nu}$/cm^{-1}): 2960 (m), 2904 (s), 2854 (s), 2722 (vw), 1984 (m), 1918 (vs), 1733 (w), 1700 (vs), 1674 (s), 1653 (m), 1636 (w), 1617 (vw), 1474 (w), 1437 (m), 1377 (m), 1027 (m), 728 (m), 694 (w), 609 (vw), 555 (m).
NIR (ATR, $\tilde{\nu}$/cm^{-1}): 9489 (vs), 9224 (vw), 9108 (vs), 8719 (w), 8107 (s), 7967 (vs), 7781 (w), 7338 (w), 7236 (w), 7152 (w), 6702 (m), 6566 (w), 6395 (w), 6325 (w).
Anal. Calc. for $C_{71}H_{98}Mo_2O_4P_6Sm_2$ (1694.04 g·mol^{-1}): C, 50.34; H, 5.83. Found: C, 50.46; H, 6.02.

4.2.1.5 $[(Cp^*_2Yb)_2P_6(Cp^*Mo(CO)_2)_2]$ (6)

Zu einer Mischung aus $[Cp^*_2Yb(thf)_2]$ (157 mg, 0.273 mmol) und $[Cp^*Mo(CO)_2P_3]$ (102 mg, 0.273 mmol) werden bei -78 °C 15 mL Toluol kondensiert. Die Lösung wird für eine Woche auf 60 °C erwärmt und anschließend dekantiert. Über einen Zeitraum von zwei Wochen kristallisiert $[(Cp^*_2Yb)_2P_6(Cp^*Mo(CO)_2)_2]$ in Form schwarzer Nadeln. - Ausbeute: 14 mg, 18 %.

IR (ATR, $\tilde{\nu}$/cm^{-1}): 2972 (m), 2904 (s), 2855 (s), 1986 (s), 1918 (vs), 1376 (m), 1339 (vw), 1070 (br, m), 1026 (m), 728 (w), 693 (vw), 555 (w).
NIR (ATR, $\tilde{\nu}$/cm^{-1}): 9342 (m), 9066 (vs), 8818 (m), 8574 (s), 8220 (w).

4.2.2 Darstellung der Lanthanoid-Arsensulfid-Cluster

4.2.2.1 $[(Cp^*_2Sm)(Cp^*Sm)_3AsS_3(Cp^*AsS_2)_2(thf)_3]$ (7)

Zu einer Mischung aus $[Cp^*_2Sm(thf)_2]$ (172 mg, 0.304 mmol) und As_4S_4 (65 mg, 0.152 mmol) werden bei -78 °C ca. 20 mL THF kondensiert und die Lösung bei Raumtemperatur über Nacht gerührt. Die Reaktionslösung wird filtriert, das Filtrat auf ca. 5 mL eingeengt und anschließend mit *n*-Pentan (15 mL) überschichtet. Nach vier

Tagen konnte $[(Cp^*_2Sm)(SmCp^*)_3AsS_3(Cp^*AsS_2)_2(thf)_3]$ in Form roter Kristalle erhalten werden. - Ausbeute: 13 mg, 7 %.

IR (ATR, $\tilde{\nu}/cm^{-1}$): 2963 (s),2908 (vs),2853 (vs),1457 (s),1437 (s),1420 (m),1376 (s),1339 (w),1211 (w),1138 (vw),1079 (s),1002 (w).

NIR (ATR, $\tilde{\nu}/cm^{-1}$): 9232 (m), 7801 (s), 7710 (w), 7330 (s), 7264 (vs), 7209 (vs), 6698 (w), 6514 (w), 6365 (m), 6164 (s).

Raman (solid, $\tilde{\nu}/cm^{-1}$): 2908 (vs), 2856 (s), 2722 (w), 1597 (w), 1561 (m), 1452 (m), 1425 (m), 1383 (m), 1144 (w), 1100 (vw), 1048 (m), 951 (w), 873 (vw), 804 (m), 678 (m), 592 (m), 544 (w), 420 (s), 313 (w), 257 (m), 206 (s).

Anal. Calc. for $C_{70}H_{105}As_3O_3S_7Sm_4$ (2045.26 $g{\cdot}mol^{-1}$) (**1** – 3 THF): C, 41.11; H, 5.17; S, 10.97. Found: C, 41.87; H, 5.48; S, 10.59.

4.2.2.2 $[(Cp^*Yb)_3(As_2S_4)(Cp^*AsS_2)(thf)_2]$ (8)

Zu einer Mischung aus $[Cp^*_2Yb(thf)_2]$ (185 mg, 0.315 mmol) und As_4S_4 (135 mg, 0.315 mmol) werden bei -78 °C ca. 20 mL THF kondensiert und die Lösung bei Raumtemperatur über Nacht gerührt. Das Lösemittel wird im Vakuum entfernt und der Rückstand in *n*-Pentan (10 mL) aufgenommen. Die Lösung wird filtriert und das Lösemittel unter vermindertem Druck entfernt. Der Rückstand wird in THF (15 mL) aufgenommen. Durch langsames Entfernen des Lösemittels konnte $[(Cp^*Yb)_3(As_2S_4)(Cp^*AsS_2)(thf)_2]$ in Form dunkel blauer Kristalle erhalten werden. - Ausbeute: 29 mg, 15 %.

IR (ATR, $\tilde{\nu}/cm^{-1}$): 2959 (s), 2903 (vs), 2853 (vs), 1457 (s), 1437 (s), 1420 (m), 1375 (s), 1247 (w), 1060 (vw), 1019 (m), 918 (w), 868 (m), 661 (m).

NIR (ATR, $\tilde{\nu}/cm^{-1}$): 10688 (w), 10430 (w), 9988 (vw), 9446 (m), 9286 (s), 9002 (s), 8720 (m), 7917 m).

Anal. Calc. for $C_{48}H_{76}As_3O_2S_6Yb_3$ (1621.42 $g{\cdot}mol^{-1}$): C, 35.56; H, 4.72; S, 11.87. Found: C, 35.20; H, 4.85; S, 12.15.

4.2.2.3 $[(Cp'''Sm)_3(AsS_3)_2]$ (9)

Zu einer Mischung aus $[Cp'''_2Sm]$ (73 mg, 0.096 mmol) und As_4S_4 (41 mg, 0.096 mmol) werden bei -78 °C ca. 15 mL THF kondensiert und die Lösung für 18 Stunden bei Raumtemperatur gerührt. Die Lösung wird dekantiert und durch langsames

Einengen konnte [(Cp'''Sm)$_3$(AsS$_3$)$_2$] in Form roter Kristalle erhalten werden. - Ausbeute: 24 mg, 48 %.

IR (ATR, $\tilde{\nu}$/cm^{-1}): 2956 (vs), 2902 (s), 2866 (s), 1474 (m), 1458 (m), 1389 (m), 1361 (s), 1239 (m), 1200 (w), 1166 (vw), 1110 (vw), 1023 (vw), 1001 (w), 920 (vw), 896 (vw), 854 (vw), 818 (w), 676 (vw), 653 (vw).
NIR (ATR, $\tilde{\nu}$/cm^{-1}): 9445 (w), 9293 (w), 9027 (w), 8968 (vw), 8901 (vw), 8824 (vw), 7842 (vs), 7736 (vw), 7330 (m), 7265 (m), 7210 (m), 7118 (m), 6528 (m), 6305 (vs).
Raman (solid, $\tilde{\nu}$/cm^{-1}): 2958 (vs), 2923 (vs), 2902 (vs), 2706 (w), 2558 (w), 1602 (vw), 1515 (m), 1462 (m), 1343 (w), 1295 (w), 1237 (vw), 1197 (m), 1168 (w), 1089 (w), 1000 (w), 921 (m), 815 (s), 700 (w), 641 (vw), 561 (m), 539 (m), 472 (vw), 378 (m), 339 (w), 259 (s), 224 (s), 143 (vs).
Anal. Calc. for $C_{63}H_{111}As_2O_3S_6Sm_3$ (1709.89 g·mol^{-1})(**3** + 3 THF): C, 44.25; H, 6.54; S, 11.25. Found: C, 44.36; H, 6.67; S, 10.81.

4.2.2.4 [(Cp*Yb)$_3$(AsS$_3$)$_2$] (10)

Zu einer Mischung aus [Cp*$_2$Yb(thf)$_2$] (250 mg, 0.425 mmol) und As_4S_3 (112 mg, 0.283 mmol) werden bei -78 °C ca. 20 mL THF kondensiert. Die Lösung wird über Nacht bei Raumtemperatur gerührt und das Lösemittel im Vakuum entfernt. Der Rückstand wird in *n*-Pentan (10 mL) aufgenommen und die Lösung filtriert. Das Lösemittel wird unter vermindertem Druck entfernt und der grüne Rückstand wird in eine Doppelampulle überführt und in *n*-Heptan (10 mL) aufgenommen. Durch langsames Entfernen des Lösemittels konnte [(Cp*Yb)$_3$(AsS$_3$)$_2$] in Form türkiser Kristalle erhalten werden. - Ausbeute: 12 mg, 2 %.

IR (ATR, $\tilde{\nu}$/cm^{-1}): 2959 (s), 2896 (s), 2872 (s), 2827 (m), 2727 (w), 1665 (vs), 1624 (m), 1607 (m), 1541 (m), 1468 (w), 1429 (m), 1372 (m), 1316 (w), 1167 (m), 1120 (w), 1061 (w), 1015 (w), 803 (w), 723 (m), 654 (m).
NIR (ATR, $\tilde{\nu}$/cm^{-1}): 10096 (m), 9900 (w), 9749 (w), 9563 (s), 9413 (s), 9247 (m), 9125 (m), 8953 (w), 8802 (w), 8654 (w).

4.2.3 Darstellung des Lanthanoid-Kupfer-Clusters

4.2.3.1 [(Cp```Sm(thf))$_4$Cu$_4$S$_6$] (11)

Zu einer Mischung aus [(Cp```Sm)$_3$(AsS$_3$)$_2$] (60 mg, 0.038 mmol) und [CuMes] (16 mg, 0.088 mg) werden bei -78 °C ca. 15 mL THF kondensiert. Die Reaktionsmischung wird bei Raumtemperatur für 18 Stunden gerührt und anschließend dekantiert. Durch langsames Entfernen des Lösemittels konnte nach einer Woche [(Cp```Sm(thf))$_4$Cu$_4$S$_6$] in Form gelber Kristalle erhalten werden. - Ausbeute: 50 mg, 70 %.

IR (ATR, $\tilde{\nu}$/cm^{-1}): 3004 (vw), 2954 (br, vs), 2865 (m), 1460 (br, m), 1391 (w), 1360 (m), 1237 (m), 1199 (w), 1165 (w), 1111 (vw), 1024 (w), 1002 (w), 958 (vw), 920 (vw), 848 (w), 818 (m), 678 (w).
NIR (ATR, $\tilde{\nu}$/cm^{-1}): 9582 (s), 9287 (w), 8962 (m), 8425 (m), 7991 (m), 7841 (m), 7338 (w), 6677 (w), 6531 (m), 6382 (m), 6304 (m), 6190 (w).(see Fig. S6 for the spectrum).
Raman (solid, $\tilde{\nu}$/cm^{-1}): 2957 (vs), 2920 (vs), 1459 (m), 1344 (w), 1239 (vw), 1198 (s), 1101 (w), 1024 (w), 957 (w), 923 (m), 816 (s), 645 (vw), 561 (m), 481 (vw), 378 (w), 317 (vw), 260 (m), 211 (m), 176 (m), 143 (s).
Anal. Calc. for $C_{68}H_{116}Cu_4S_6Sm_4$ (1981.68 g·mol^{-1}) (**5** – 3 THF): C, 41.21; H, 5.90; S, 9.71. Found: C, 41.56; H, 5.58; S, 10.13.

4.3 Kristallstrukturuntersuchungen

4.3.1 Datensammlung und Verfeinerung

Die Bestimmung der Reflexlagen und -intensitäten erfolgte in der vorliegenden Arbeit mit Hilfe eines *STOE IPDS 2* bzw. *STOE Stadi Vari*. Beide arbeiten mit einer Mo-Anode (Mo-K_α-Strahlung; λ = 0.71073 Å) und nachgeschaltetem Graphitmonochromator. Die zu messenden Kristalle wurden mit Hilfe eines Polarisationsmikroskops unter Mineralöl ausgesucht und mit etwas Öl in einem kalten Stickstoffstrom an einer Kapillare bzw. Kunststofffolie auf dem Goniometerkopf befestigt.

Die Strukturanalysen gliedern sich in folgende Schritte:

1. Bestimmung der Orientierungsmatrix und der Gitterkonstanten anhand der Orientierungsparameter von ca. 3 Aufnahmen (*STOE IPDS 2*) bzw. ca. 20 Aufnahmen (*STOE Stadi Vari*).

2. Bestimmung der Reflexintensitäten durch Anpassen der Integrationsbedingungen an das gemittelte Reflexprofil und anschließendes Auslesen aller Aufnahmen.

3. Datenreduktion und Korrekturen durch Lorentz- und Polarisationsfaktorkorrekturen.

4. Die Strukturbestimmung wurde mit den Programmen SHELXS,[112] SHELXL,[113] WinGX32[114] und OLEX2[115] durchgeführt. Die Lösung der Kristallstrukturen erfolgte mittels direkter oder Patterson-Methoden und anschließenden Differenzfouriersynthesen. Die Optimierung der Atomparameter erfolgte durch Verfeinerung nach der Methode der kleinsten Fehlerquadrate gegen F_o^2 für die gesamte Matrix.

5. Zur Erstellung der Molekülbilder wurde das Programm Diamond 3.2i verwendet.[116]

4.3.2 Daten zu den Kristallstrukturanalysen

4.3.2.1 [(Cp*$_2$Sm)$_2$P$_2$(CpMo(CO)$_2$)$_4$] (1)

Summenformel	$C_{75}H_{88}Mo_4O_8P_2Sm_2$
Molare Masse [g·mol^{-1}]	1864.03
Kristallsystem	triklin
Raumgruppe	$P\bar{1}$
a [Å]	9.4972(3)
b [Å]	12.6039(5)
c [Å]	15.1366(5)
α [°]	97.777(3)
β [°]	90.819(3)
γ [°]	100.055(3)
Zellvolumen [Å^3]	1766.32(11)
Messtemperatur [K]	100
Z	1
Absorptionskoeffizient μ [mm^{-1}]	2.423
gemessene Reflexe	15720
unabhängige Reflexe	6398
R_{int}	0.1172
R_1	0.0562
wR_2	0.1492
Goof (Goodness of Fit)	0.9820

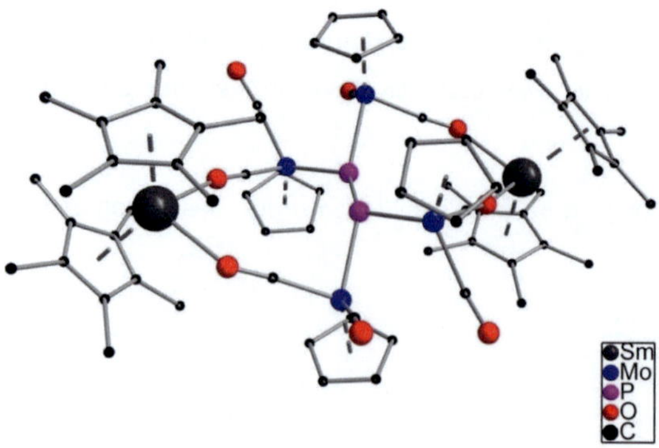

4.3.2.2 $[(Cp^*_2Sm)_2P_4(CpMo(CO)_2)_2]$ (2)

Summenformel	$C_{68}H_{86}Mo_2O_4P_4Sm_2$
Molare Masse [g·mol^{-1}]	1583.82
Kristallsystem	triklin
Raumgruppe	$P\bar{1}$
a [Å]	9.6185(7)
b [Å]	10.2667(7)
c [Å]	17.5096(13)
α [°]	83.519(6)
β [°]	77.307(6)
γ [°]	78.461(6)
Zellvolumen [Å^3]	1648.4(2)
Messtemperatur [K]	100
Z	1
Absorptionskoeffizient μ [mm^{-1}]	2.269
gemessene Reflexe	12256
unabhängige Reflexe	5964
R_{int}	0.1155
R_1	0.0708
wR_2	0.2034
Goof (Goodness of Fit)	1.0640

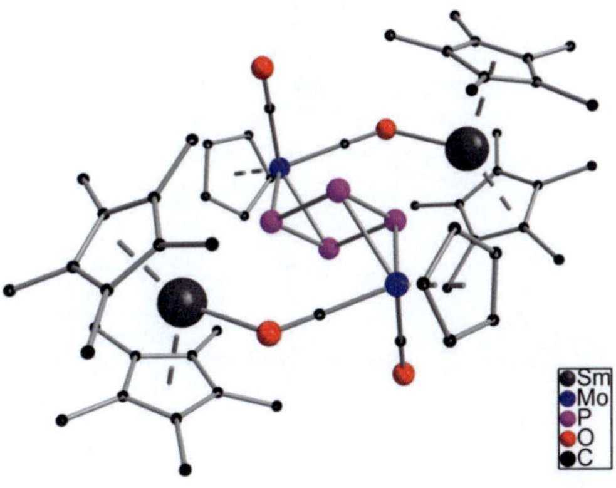

4.3.2.3 [(Cp*$_2$Sm)$_3$P$_5$(CpMo(CO)$_2$)$_3$] (3)

Summenformel	$C_{81}H_{105}Mo_3O_6P_5Sm_3$
Molare Masse [g·mol^{-1}]	2068.36
Kristallsystem	triklin
Raumgruppe	$P\bar{1}$
a [Å]	10.1299(8)
b [Å]	15.7243(14)
c [Å]	25.686(3)
α [°]	89.987(8)
β [°]	90.023(7)
γ [°]	96.359(7)
Zellvolumen [Å^3]	4066.3(6)
Messtemperatur [K]	100
Z	2
Absorptionskoeffizient μ [mm^{-1}]	2.727
gemessene Reflexe	35128
unabhängige Reflexe	14697
R_{int}	0.2803
R_1	0.1382
wR_2	0.3860
Goof (Goodness of Fit)	0.9890

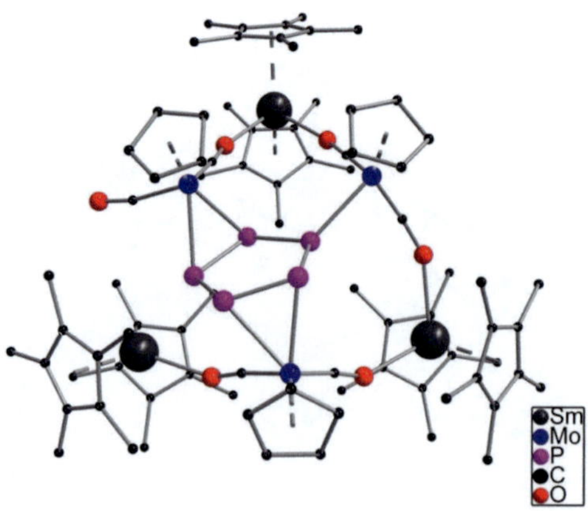

4.3.2.4 [(Cp*$_2$Yb)$_2$P$_2$(CpMo(CO)$_2$)$_4$] (4)

Summenformel	$C_{68}H_{80}Mo_4O_8P_2Yb_2$
Molare Masse [g·mol^{-1}]	1817.10
Kristallsystem	triklin
Raumgruppe	$P\bar{1}$
a [Å]	9.4511(6)
b [Å]	12.5310(7)
c [Å]	14.9833(8)
α [°]	84.971(5)
β [°]	71.725(4)
γ [°]	76.278(5)
Zellvolumen [Å^3]	1636.8(2)
Messtemperatur [K]	150
Z	1
Absorptionskoeffizient μ [mm^{-1}]	3.676
gemessene Reflexe	14805
unabhängige Reflexe	5918
R_{int}	0.0698
R_1	0.0392
wR_2	0.0773
Goof (Goodness of Fit)	0.9390

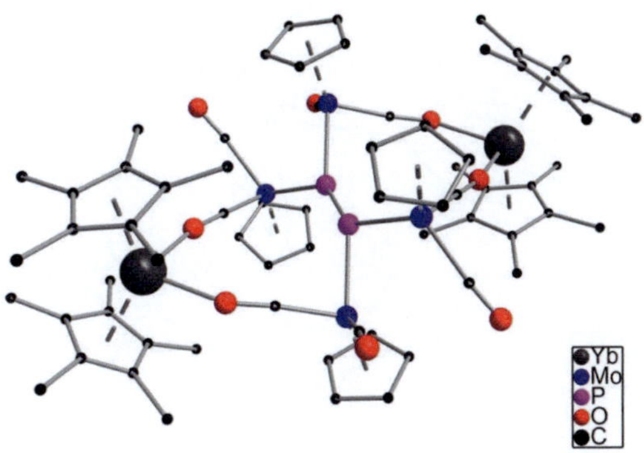

4.3.2.5 $[(Cp^*_2Sm)_2P_6(Cp^*Mo(CO)_2)_2]$ (5)

Summenformel	$C_{78}H_{106}Mo_2O_4P_6Sm_2$
Molare Masse [g·mol^{-1}]	1786.05
Kristallsystem	triklin
Raumgruppe	$P\bar{1}$
a [Å]	11.1671(8)
b [Å]	12.7931(10)
c [Å]	14.7276(9)
α [°]	98.952(6)
β [°]	110.227(6)
γ [°]	95.319(6)
Zellvolumen [Å^3]	1925.7(3)
Messtemperatur [K]	100
Z	1
Absorptionskoeffizient μ [mm^{-1}]	15.411
gemessene Reflexe	15246
unabhängige Reflexe	6698
R_{int}	0.0368
R_1	0.0516
wR_2	0.1265
Goof (Goodness of Fit)	1.0600

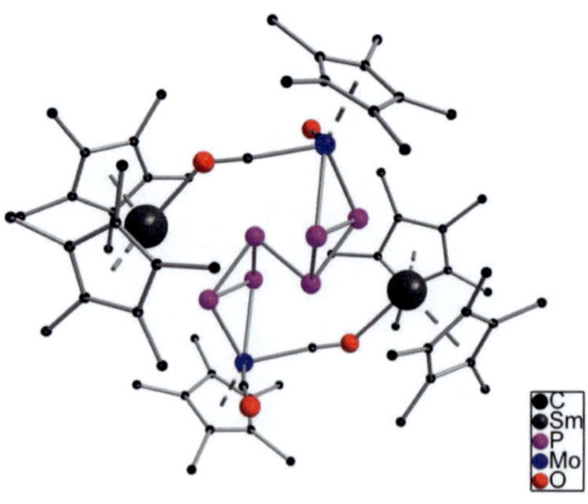

4.3.2.6 $[(Cp^*_2Yb)_2P_6(Cp^*Mo(CO)_2)_2]$ (6)

Summenformel	$C_{78}H_{106}Mo_2O_4P_6Yb_2$
Molare Masse [g·mol^{-1}]	1831.57
Kristallsystem	triklin
Raumgruppe	$P\bar{1}$
a [Å]	11.192(2)
b [Å]	12.629(3)
c [Å]	14.637(3)
α [°]	99.58(3)
β [°]	110.46(3)
γ [°]	94.85(3)
Zellvolumen [Å^3]	1888.4(8)
Messtemperatur [K]	100
Z	1
Absorptionskoeffizient μ [mm^{-1}]	2.952
gemessene Reflexe	17122
unabhängige Reflexe	7340
R_{int}	0.0282
R_1	0.0332
wR_2	0.0887
Goof (Goodness of Fit)	1.1340

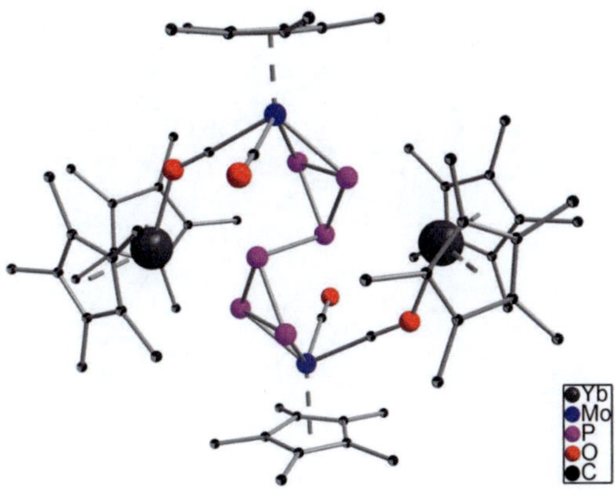

4.3.2.7 [(Cp*$_2$Sm)(SmCp*)$_3$AsS$_3$(Cp*AsS$_2$)$_2$(thf)$_3$] (7)

Summenformel	$C_{90}H_{145}As_3O_5S_7Sm_4$
Molare Masse [g·mol^{-1}]	2357.77
Kristallsystem	monoklin
Raumgruppe	$P2_1/n$
a [Å]	23.933(5)
b [Å]	15.656(3)
c [Å]	27.292(6)
β [°]	102.18(3)
Zellvolumen [Å^3]	9996(4)
Messtemperatur [K]	150
Z	4
Absorptionskoeffizient μ [mm^{-1}]	3.480
gemessene Reflexe	65314
unabhängige Reflexe	18542
R_{int}	0.0713
R_1	0.0397
wR_2	0.0628
Goof (Goodness of Fit)	0.893

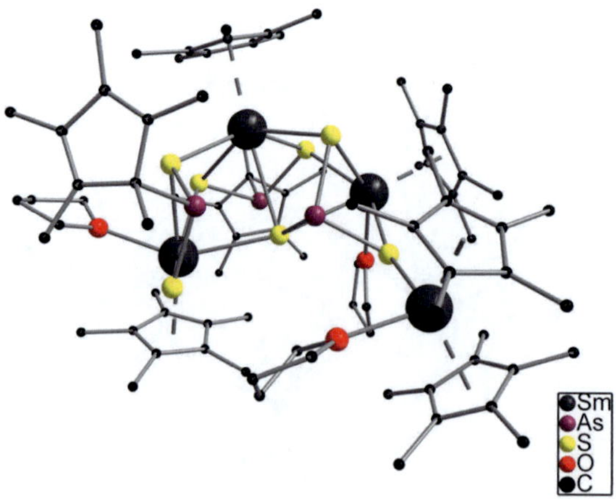

4.3.2.8 [(Cp*$_2$Sm)(SmCp*)$_3$AsS$_3$(Cp*AsS$_2$)$_2$(thf)$_3$] (7a)

Summenformel	$C_{91}H_{149}As_3O_4S_7Sm_4$
Molare Masse [g·mol^{-1}]	2357.81
Kristallsystem	monoklin
Raumgruppe	$P2_1/n$
a [Å]	18.1249(4)
b [Å]	25.8707(4)
c [Å]	20.4267(4)
β [°]	95.652(2)
Zellvolumen [Å^3]	9531.6(3)
Messtemperatur [K]	150
Z	4
Absorptionskoeffizient μ [mm^{-1}]	3.662
gemessene Reflexe	96780
unabhängige Reflexe	25695
R_{int}	0.0304
R_1	0.0285
wR_2	0.0677
Goof (Goodness of Fit)	1.045

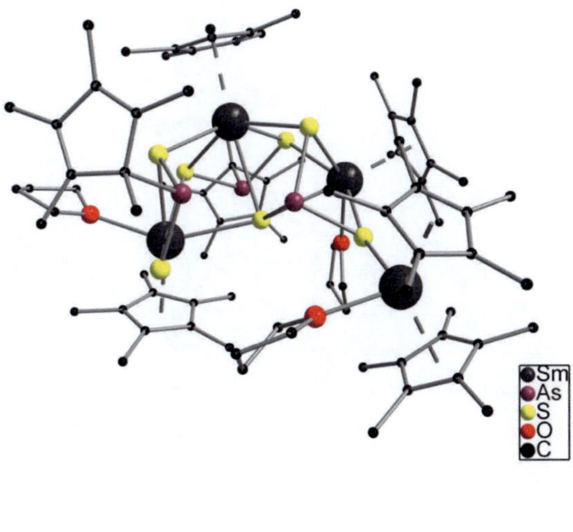

4.3.2.9 [(Cp*Yb)$_3$(As$_2$S$_4$)(Cp*AsS$_2$)(thf)$_2$] (8)

Summenformel	$C_{56}H_{92}As_3O_4S_6Yb_3$
Molare Masse [g·mol^{-1}]	1765.63
Kristallsystem	triklin
Raumgruppe	$P\bar{1}$
a [Å]	13.009(3)
b [Å]	13.399(3)
c [Å]	19.680(4)
α [°]	85.64(3)
β [°]	87.33(3)
γ [°]	69.09(3)
Zellvolumen [Å^3]	3194.7(13)
Messtemperatur [K]	150
Z	2
Absorptionskoeffizient μ [mm^{-1}]	6.133
gemessene Reflexe	30869
unabhängige Reflexe	13467
R_{int}	0.1169
R_1	0.0682
wR_2	0.1776
Goof (Goodness of Fit)	1.028

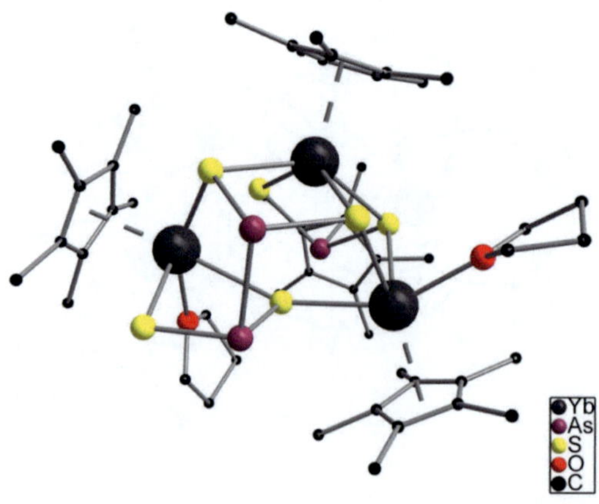

4.3.2.10 [(Cp'''Sm)$_3$(AsS$_3$)$_2$] (9)

Summenformel	$C_{55}H_{95}As_2OS_6Sm_3$
Molare Masse [g·mol^{-1}]	1565.56
Kristallsystem	monoklin
Raumgruppe	$P2_1/n$
a [Å]	14.0987(5)
b [Å]	28.9735(14)
c [Å]	16.6015(6)
β [°]	112.253(3)
Zellvolumen [Å^3]	6275.4(5)
Messtemperatur [K]	100
Z	4
Absorptionskoeffizient μ [mm^{-1}]	4.050
gemessene Reflexe	26162
unabhängige Reflexe	11562
R_{int}	0.0530
R_1	0.0300
wR_2	0.0499
Goof (Goodness of Fit)	0.808

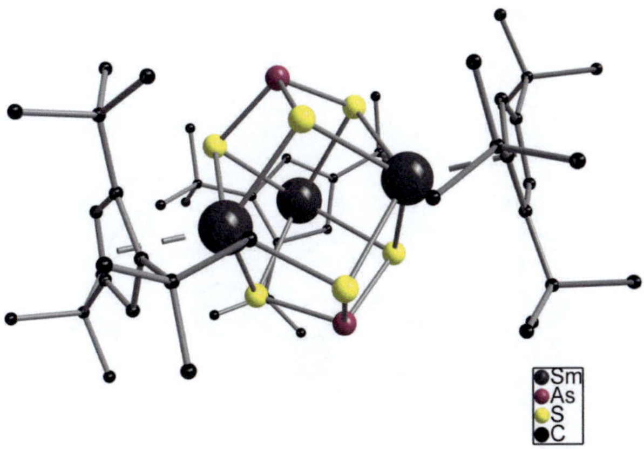

4.3.2.11 [(Cp*Yb)$_3$(AsS$_3$)$_2$] (10)

Summenformel	$C_{30}H_{45}As_2S_6Yb_3$
Molare Masse [g·mol^{-1}]	1266.98
Kristallsystem	triklin
Raumgruppe	$P\bar{1}$
a [Å]	8.5385(3)
b [Å]	11.9152(5)
c [Å]	19.7595(10)
α [°]	93.682(4)
β [°]	90.745(4)
γ [°]	108.932(3)
Zellvolumen [Å^3]	1896.40(15)
Messtemperatur [K]	100
Z	2
Absorptionskoeffizient μ [mm^{-1}]	9.418
gemessene Reflexe	16101
unabhängige Reflexe	6723
R_{int}	0.1152
R_1	0.0491
wR_2	0.1301
Goof (Goodness of Fit)	0.956

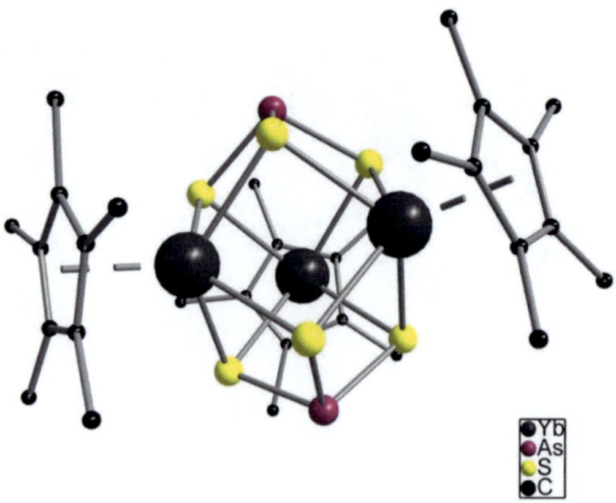

4.3.2.12 [(Cp'''Sm(thf))$_4$Cu$_4$S$_6$] (11)

Summenformel	$C_{92}H_{164}Cu_4O_6S_6Sm_4$
Molare Masse [g·mol^{-1}]	2414.14
Kristallsystem	orthorhombisch
Raumgruppe	*F*dd2
a [Å]	37.2460(7)
b [Å]	38.9864(6)
c [Å]	13.6966(3)
Zellvolumen [Å^3]	19888.7(7)
Messtemperatur [K]	100
Z	8
Absorptionskoeffizient μ [mm^{-1}]	3.333
gemessene Reflexe	41116
unabhängige Reflexe	7938
R_{int}	0.0882
R_1	0.0375
wR_2	0.0930
Goof (Goodness of Fit)	1.009

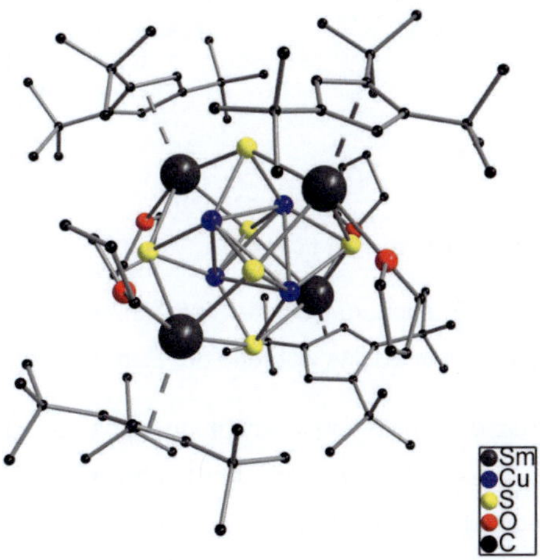

5 Zusammenfassung

5.1 Zusammenfassung

Im ersten Teil dieser Dissertation wurde die Reaktivität der Übergangsmetallpolyphosphide [CpMo(CO)$_2$P]$_2$ und [Cp*Mo(CO)$_2$P$_3$] gegenüber zweiwertigen Lanthanoidverbindungen untersucht. Durch die Reduktion von [CpMo(CO)$_2$P]$_2$ mit den Metallocenen der zweiwertigen Lanthanoide [Cp*$_2$Ln(thf)$_2$] (Ln = Sm, Yb) entstehen die Verbindungen [(Cp*Ln)$_2$P$_2$(CpMo(CO)$_2$)$_4$] (Ln = Sm (**1**), Yb (**4**)), welche aus zwei neungliedrigen Metallazyklen bestehen (Schema 5.1). Die Metallazyklen sind über eine zentrale P$_2$-Einheit verknüpft. Bei der Umsetzung von [CpMo(CO)$_2$P]$_2$ mit [Cp*$_2$Sm(thf)$_2$] konnte zusätzlich noch die Bildung der beiden Nebenprodukte [(Cp*$_2$Sm)$_2$P$_4$(CpMo(CO)$_2$)$_2$] (**2**) und [(Cp*Sm)$_3$P$_5$(CpMo(CO)$_2$)$_3$] (**3**) beobachtet werden. Die Verbindung **2** besteht aus einem P$_4$-Kern und zwei (Cp*$_2$Sm)(CpMo(CO)$_2$)-Fragmenten. In Verbindung **3** konnte die Bildung eines planaren P$_5$-Kerns, der an drei Mo-Atome koordiniert, beobachtet werden.

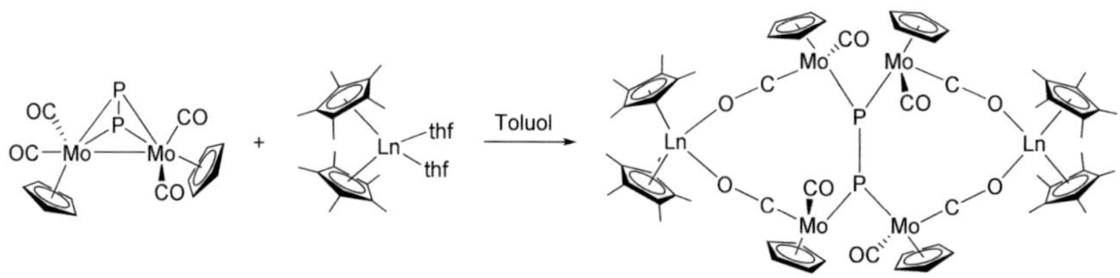

Ln = Sm (**1**), Yb (**4**)

Schema 5.1. Synthese der Verbindungen **1** und **4**.

Die unterschiedlichen Phosphor/Molybdän-Verhältnisse in **1**, **2**, **3** und **4** lassen auf eine teilweise Spaltung des Edukts während der Reduktion schließen.

Eine intermolekulare P-P-Bindungsknüpfung konnte durch eine reduktive Dimerisierung von [Cp*Mo(CO)$_2$P$_3$] mit den Lanthanoidverbindungen [Cp*$_2$Ln(thf)$_2$] (Ln = Sm, Yb) beobachtet werden (Schema 5.2). In Folge der Reduktion findet eine Änderung des Koordinationsmodus der Phosphordreiecke statt und es kommt zur Bildung einer neuen P-P-Einfachbindung zwischen zwei Cp*Mo(CO)$_2$P$_3$-Fragmenten.

Der so gebildete P_6-Kern in den Polyphosphiden $[(Cp^*_2Ln)_2P_6(Cp^*Mo(CO)_2)_2]$ (**5**, **6**) koordiniert mit jeweils zwei Phosphoratomen side-on an die Mo-Atome der $Cp^*_2Sm(\mu\text{-}CO)Cp^*Mo(CO)$-Einheiten.

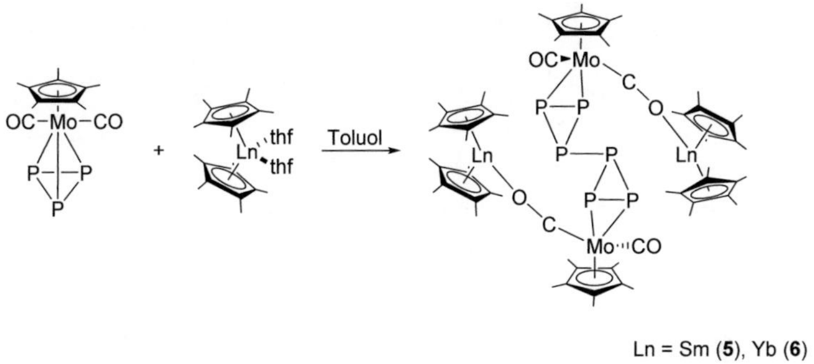

Schema 5.2. Synthese der Verbindungen **5** und **6**.

Der zweite Teil dieser Arbeit befasst sich mit der Synthese von neuartigen Ln-Komplexen mit gemischten Gruppe 15/ Gruppe 16-Liganden. Hierfür wurden die beiden Käfigmoleküle As_4S_4 und As_4S_3 mit den zweiwertigen Lanthanoidverbindungen $[Cp^R_2Ln(thf)_n]$ (R = Me_5, Ln = Sm, Yb, n = 2; R = 1,2,4-(*t*-Bu)$_3$, Ln = Sm, Yb, n = 0) umgesetzt, dabei konnte erstmals die Bildung von Ln-AsS-Clustern aus As_4S_n (n = 3, 4) beobachtet werden (Schema 5.3). Die Cp^*AsS_2-Einheiten des Clusters $[(Cp^*_2Sm)(Cp^*Sm)_3AsS_3(Cp^*AsS_2)(thf)_3]$ (**7**) entstehen durch den Transfer eines Cp*-Liganden des Samariumatoms auf die As-Atome der AsS_2-Brücken. Der Cluster $[(Cp^*Yb)_3(As_2S_4)(Cp^*AsS_2)(thf)_2]$ (**8**) weist eine neuartige As_2S_4-Brücke auf, welche über die Schwefelatome an drei Ytterbiumatome koordiniert. Die Cluster $[(Cp^{'''}Sm)_3(AsS_3)_2]$ (**9**) und $[(Cp^*Yb)_3(AsS_3)_2]$ (**10**) zeichnen sich durch ein trigonales Prisma der sechs Schwefeltome aus, dessen Basisflächen von zwei Arsenatomen überkappt sind. Die Seitenflächen werden von drei Lanthanoidatomen überkappt. Die Ytterbiumverbindungen **8** und **10** zeigen bei tiefen Temperaturen eine schwache Lumineszenz bei einer Wellenlänge von 1016 nm (**8**) bzw. 1026 nm (**10**). Die neuartigen Cluster **7-10** zeigen eine von den Edukten verschiedene As-S-Konnektivität als auch As-S-Stöchiometrie, was auf eine Fragmentierung der Käfigmoleküle während der Umsetzung deutet.

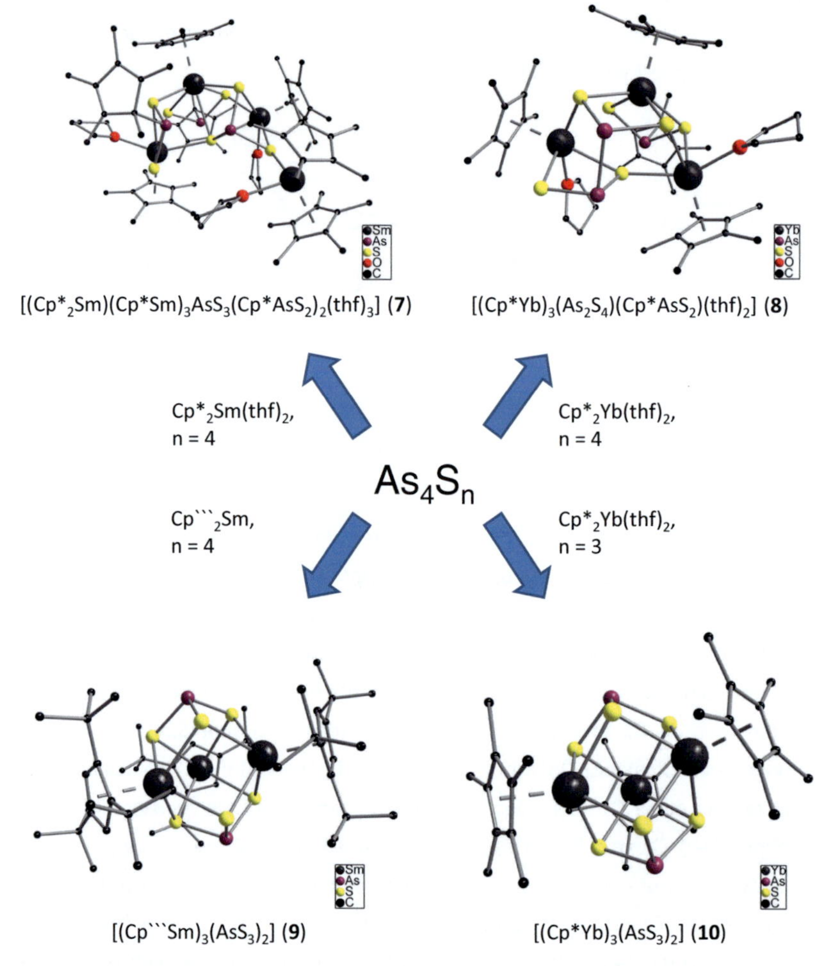

Schema 5.3. Allgemeines Schema der in dieser Arbeit diskutierten Ln-As-S-Verbindungen **7-10**.

Die Koordination eines Cu(I)-Fragments an die As-Atome der Ln-As-S-Verbindungen **7-10** gelang nicht. Stattdessen erfolgte die Bildung des arsenfreien Clusters $[(Cp'''Sm(thf))_4Cu_4S_6]$ (**11**) aus der Reaktion von **9** mit [CuMes], und seine Festkörperstruktur wurde durch Einkristallröntgenstrukturanalyse ermittelt (Schema 5.4). Erstmals konnte durch Umwandlung eines Sm-AsS-Clusters die Bildung eines *3d*/*4f*-Clusters beobachtet werden. Der Cluster-Kern besteht aus einem verzerrten, adamantan-ähnlichen Cu_4S_6-Fragment. Die Hälfte der Flächen des Oktaeders aus Schwefelatomen wird dabei von Kupferatomen überkappt. Die anderen vier Flächen des Oktaeders werden von Samariumatomen überkappt.

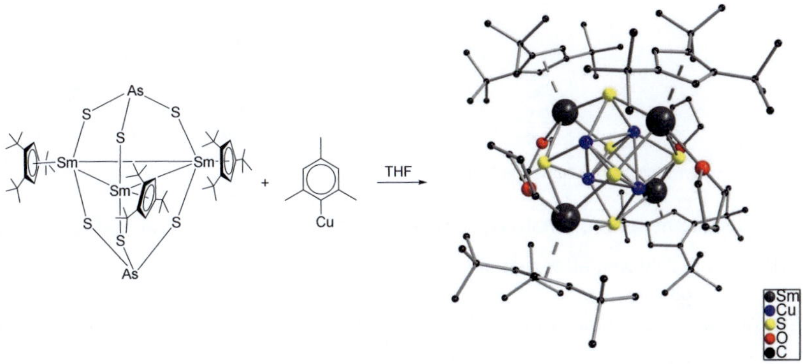

$[(Cp'''Sm(thf))_4Cu_4S_6]$ (**11**)

Schema 5.4. Synthese und Festkörperstruktur von **11** ohne Darstellung der Wasserstoffatome.

5.2 Summary

The investigation conducted in the first part of the thesis shows the reactivity of the transition metal polyphosphides $[CpMo(CO)_2P]_2$ and $[Cp^*Mo(CO)_2P_3]$ towards divalent lanthanide compounds. The reduction of $[CpMo(CO)_2P]_2$ by the divalent lanthanide metallocenes $[Cp^*_2Ln(thf)_2]$ (Ln = Sm, Yb) led to the formation of $[(Cp^*Ln)_2P_2(CpMo(CO)_2)_4]$ (Ln = Sm (**1**), Yb (**2**)), each of which features two nine-membered rings made up of lanthanide atoms, phosphorus atoms and molybdenum carbonyl units (Scheme 5.1). The rings are linked over a central P_2 unit. In addition, the reaction of $[CpMo(CO)_2P]_2$ led to the formation of the by-products $[(Cp^*Sm)_2P_4(CpMo(CO)_2)_2]$ (**2**) and $[(Cp^*Sm)_3P_5(CpMo(CO)_2)_3]$ (**3**). Compound **2** is made up of a P_4 core and two $(Cp^*_2Sm)(CpMo(CO)_2)$ fragments. In compound **3**, a P_5 core, which is coordinated to three Mo atoms is observed.

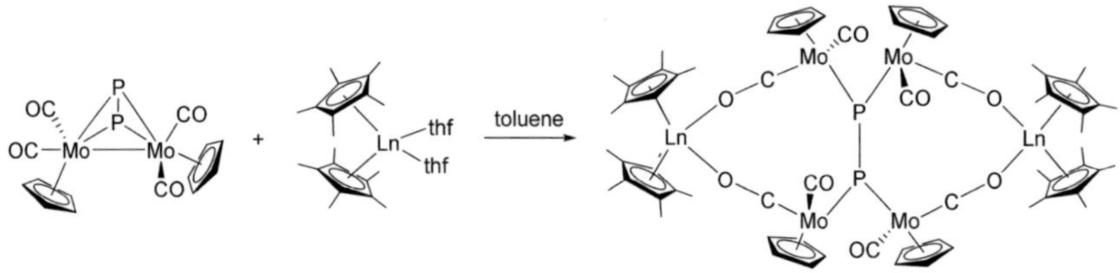

Ln = Sm (**1**), Yb (**4**)

Scheme 5.1. Synthesis of compounds **1** and **4**.

The different phosphorus/molybdenum ratios in **1**, **2**, **3** and **4** indicate partial cleavage of the starting material after reduction.

Through reductive dimerization of [$Cp^*Mo(CO)_2P_3$] by the lanthanide compounds [$Cp^*_2Ln(thf)_2$] (Ln = Sm, Yb), intermolecular P-P bond formation was observed (Scheme 5.2). As a result of reduction, the coordination mode of the phosphorus triangle changed and a new P-P single bond between two $Cp^*Mo(CO)_2P_3$ fragments was formed. In both cases, the P_6 core of the resultant polyphosphides [$(Cp^*_2Ln)_2P_6(Cp^*Mo(CO)_2)_2$] (Ln = Sm (**5**), Yb (**6**)) coordinates side-on, with two phosphorus atoms bound to each of the Mo atoms of the $Cp^*_2Sm(\mu\text{-}CO)Cp^*Mo(CO)$ units.

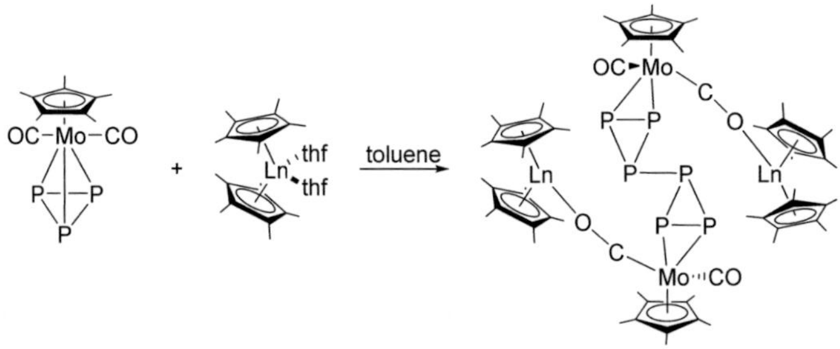

Ln = Sm (**5**), Yb (**6**)

Scheme 5.2. Synthesis of compounds **5** and **6**.

The second part of the thesis focuses on the synthesis of Ln complexes with mixed group 15/group 16 ligands. For this purpose the two cage molecules As_4S_4 and As_4S_3 were treated with the divalent lanthanide compounds [$Cp^R_2Ln(thf)_n$] (R = Me_5, Ln =

Sm, Yb, n = 2; R = 1,2,4-(*t*-Bu)$_3$, n = 0) and the formation of Ln-AsS clusters out of As_4S_n (n = 3, 4) was observed for the first time (Scheme 5.3). The formation of the Cp*AsS_2 units of the cluster [(Cp*$_2$Sm)(Cp*Sm)AsS_3(Cp*AsS_2)(thf)$_3$] (**7**) is caused by the transfer of a Cp* ligand of the samarium metal to the AsS_2 bridge. The cluster [(Cp*Yb)$_3$(As_2S_4)(Cp*AsS_2)(thf)$_2$] (**8**) shows a new As_2S_4 bridge, which is coordinated to three ytterbium atoms *via* the sulfur atoms. The clusters [(Cp'''Sm)$_3$(AsS_3)$_2$] (**9**) and [(Cp*Yb)$_3$(AsS_3)$_2$] (**10**) feature a trigonal prism comprised of six sulfur atoms. The basal faces are capped by two As atoms, whilst the lateral faces are capped by three lanthanide atoms. At low temperature the ytterbium compounds **8** and **10** display weak luminescence at 1016 nm (**8**) and 1026 nm (**10**) respectively. Both the As-S connectivity and stoichiometry of the novel clusters **7-10** differ from their respective starting materials. This indicates cleavage of the cage molecules As_4S_4 and As_4S_3 during the reactions.

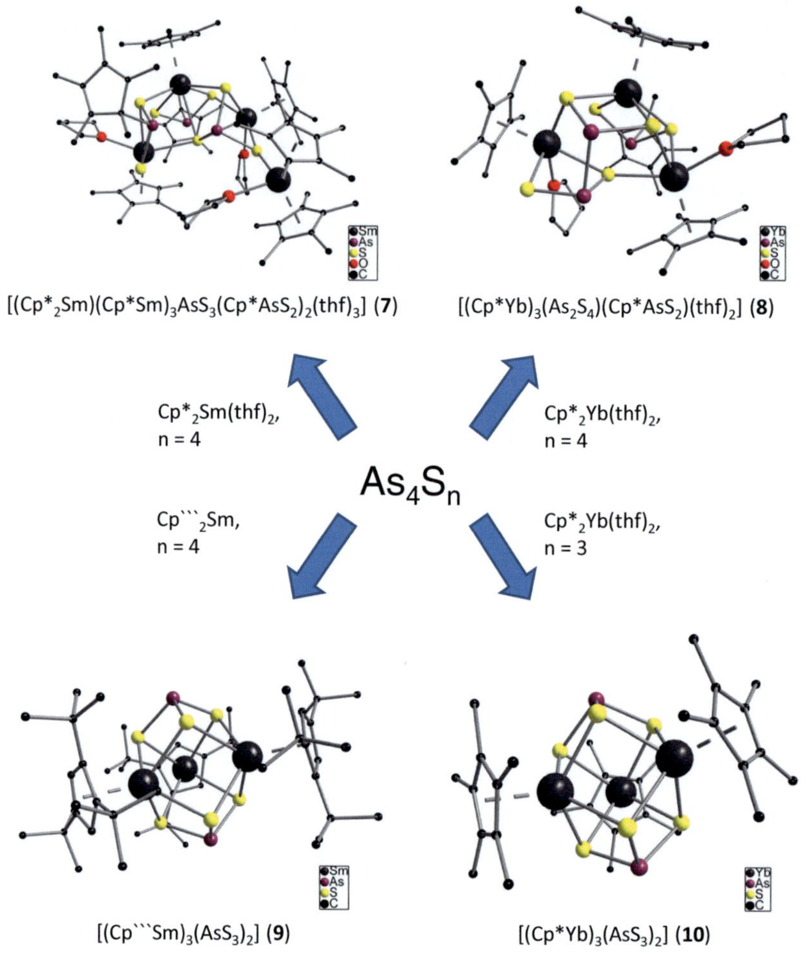

Scheme 5.3. The formation of Ln-As-S compounds discussed in the thesis.

The attempted coordination of a Cu(I) fragment to the As atoms of the Ln-As-S compounds **7**-**10** was not successful. Instead, the arsenic-free cluster [(Cp'''Sm(thf))Cu$_4$S$_6$] (**11**) formed from the reaction of **9** with [CuMes] and the solid-state structure was established by single crystal X-ray crystallography (Scheme 5.4). For the first time conversion of a Sm-AsS cluster into a 3d/4f cluster was observed. The cluster core is built up by distorted, adamantane-type Cu$_4$S$_6$ units. Half of the faces of the octahedron of sulfur atoms are capped by copper atoms. The other four faces are capped by samarium atoms.

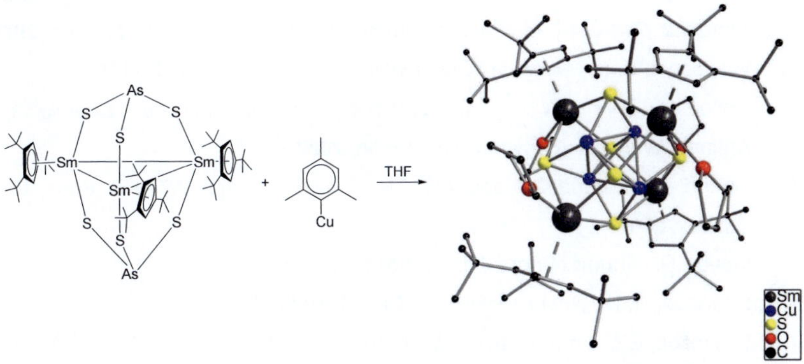

$[(Cp'''Sm(thf))_4Cu_4S_6]$ (**11**)

Scheme 5.4. Synthesis and solid-state structure of **11**. Hydrogen atoms are omitted for clarity

6 Literatur

[1] Connelly, N. G., Damhus, T., Hartshorn, R. M., Hutton, A. T., *Nomenclature of Inorganic Chemistry - IUPAC Recommendations 2005,* RSC Publishing, **2005**.

[2] Wedepohl, K. H., *Geochim. Cosmochim. Acta*, **1995**, *59*, 1217-1232.

[3] Holleman, A. F., Wiberg, E., *Lehrbuch der Anorganischen Chemie,* 102. Auflage, Walter de Gruyter & Co., Berlin, **2007**.

[4] Cotton, S., *Lanthanide and Actinide Chemistry,* John Wiley & Sons, West Sussex, **2006**.

[5] Meyer, G., *Angew. Chem. Int. Ed*, **2014**, *53*, 3550-3551.

[6] Shannon, R. D., *Acta Crystallogr., Sect. A*, **1976**, *32*, 751-767.

[7] Wilkinson, G., Birmingham, J. M., *J. Am. Chem. Soc.*, **1954**, *76*, 6210-6210.

[8] Edelmann, F. T., *Chem. Soc. Rev*, **2009**, *38*, 2253-2268.

[9] Cotton, F. A., *Q. Rev. Chem. Soc.*, **1966**, *20*, 389-401.

[10] Kretschmer, W. P., Teuben, J. H., Troyanov, S. I., *Angew. Chem. Int. Ed*, **1998**, *37*, 88-90.

[11] Fitzgerald, M., Emge, T. J., Brennan, J. G., *Inorg. Chem.*, **2002**, *41*, 3528-3532.

[12] Corbridge, D. E. C., *Phosphorus 2000. Chemistry, Biochemistry & Technology,* Elsevier, Amsterdam, **2000**.

[13] Peruzzini, M., Gonsalvi, L., *Phosphorus Compounds - Advanced Tools in Catalysis and Material Sciences,* Springer, Dordrecht, **2011**.

[14] Nolan, S. P., Stern, D., Marks, T. J., *J. Am. Chem. Soc.*, **1989**, *111*, 7844-7853.

[15] Li, T., Kaercher, S., Roesky, P. W., *Chem. Soc. Rev*, **2014**, *43*, 42-57.

[16] Aspinall, H. C., Moore, S. R., Smith, A. K., *J. Chem. Soc., Dalton Trans.*, **1992**, 153-156.

[17] Aspinall, H. C., Moore, S. R., Smith, A. K., *J. Chem. Soc., Dalton Trans.*, **1993**, 993-996.

[18] Clegg, W., Izod, K., Liddle, S. T., O'Shaughness, P., Sheffield, J. M., *Organometallics*, **2000**, *19*, 2090-2096.

[19] Tardif, O., Nishiura, M., Hou, Z., *Tetrahedron*, **2003**, *59*, 10525-10539.

[20] Zhang, L., Luo, Y., Hou, Z., *J. Am. Chem. Soc.*, **2005**, *127*, 14562-14563.

[21] Masuda, J. D., Jantunen, K. C., Ozerov, O. V., Noonan, K. J. T., Gates, D. P., Scott, B. L., Kiplinger, J. L., *J. Am. Chem. Soc.*, **2008**, *130*, 2408-2409.

[22] Lv, Y., Xu, X., Chen, Y., Leng, X., Borzov, M. V., *Angew. Chem. Int. Ed*, **2011**, *50*, 11227-11229.

[23] Arnold, P. L., Cloke, F. G. N., Hitchcock, P. B., Nixon, J. F., *J. Am. Chem. Soc.*, **1996**, *118*, 7630-7631.

[24] Barbaro, P., Peruzzini, M., Ramirez, J. A., Vizza, F., *Organometallics*, **1999**, *18*, 4237-4240.

[25] Barbaro, P., Ienco, A., Mealli, C., Peruzzini, M., Scherer, O. J., Schmitt, G., Vizza, F., Wolmershäuser, G., *Chem. Eur. J.*, **2003**, *9*, 5195-5210.

[26] Konchenko, S. N., Pushkarevsky, N. A., Gamer, M. T., Köppe, R., Schnöckel, H., Roesky, P. W., *J. Am. Chem. Soc.*, **2009**, *131*, 5740-5741.

[27] Huang, W., Diaconescu, P. L., *Chem. Commun.*, **2012**, *48*, 2216-2218.

[28] Li, T., Wiecko, J., Pushkarevsky, N. A., Gamer, M. T., Köppe, R., Konchenko, S. N., Scheer, M., Roesky, P. W., *Angew. Chem. Int. Ed*, **2011**, *50*, 9491-9495.

[29] Li, T., Gamer, M. T., Scheer, M., Konchenko, S. N., Roesky, P. W., *Chem. Commun.*, **2013**, *49*, 2183-2185.

[30] Li, T., Arleth, N., Gamer, M. T., Köppe, R., Augenstein, T., Dielmann, F., Scheer, M., Konchenko, S. N., Roesky, P. W., *Inorg. Chem.*, **2013**, *52*, 14231-14236.

[31] Wachter, J., *Angew. Chem. Int. Ed*, **1998**, *37*, 750-768.

[32] Das, B. K., Kanatzidis, M. G., *Inorg. Chem.*, **1995**, *34*, 6505-6508.

[33] Brunner, H., Poll, L., Wachter, J., Nuber, B., *J. Organomet. Chem.*, **1994**, *471*, 117-122.

[34] Di Vaira, M., Stoppioni, P., *Coord. Chem. Rev.*, **1992**, *120*, 259-279.

[35] Zank, G. A., Rauchfuss, T. B., Wilson, S. R., Rheingold, A. L., *J. Am. Chem. Soc.*, **1984**, *106*, 7621-7623.

[36] Brunner, H., Kauermann, H., Poll, L., Nuber, B., Wachter, J., *Chem. Ber.*, **1996**, *129*, 657-662.

[37] Schwarz, P., Wachter, J., Zabel, M., *Eur. J. Inorg. Chem.*, **2008**, *2008*, 5460-5463.

[38] Brunner, H., Nuber, B., Poll, L., Roidl, G., Wachter, J., *Chem. Eur. J.*, **1997**, *3*, 57-61.

[39] Kutoglu, A., *Z. Anorg. Allg. Chem.*, **1976**, *419*, 176-184.

[40] Meier, W., Mugnier, Y., Schwarz, P., Scheer, M., Wachter, J., Zabel, M., *Inorg. Chim. Acta*, **2012**, *386*, 50-55.

[41] Pronold, M., Scheer, M., Wachter, J., Zabel, M., *Inorg. Chem.*, **2007**, *46*, 1396-1400.

[42] Schwarz, P., Wachter, J., Zabel, M., *Inorg. Chem.*, **2011**, *50*, 12692-12696.

[43] Girard, P., Namy, J. L., Kagan, H. B., *J. Am. Chem. Soc.*, **1980**, *102*, 2693-2698.

[44] Nicolaou, K. C., Ellery, S. P., Chen, J. S., *Angew. Chem. Int. Ed*, **2009**, *48*, 7140-7165.

[45] Beemelmanns, C., Reissig, H.-U., *Chem. Soc. Rev*, **2011**, *40*, 2199-2210.

[46] Molander, G. A., *Chem. Rev.*, **1992**, *92*, 29-68.

[47] Scherer, O. J., Sitzmann, H., Wolmershäuser, G., *J. Organomet. Chem.*, **1984**, *268*, C9-C12.

[48] Ito, S., Nishide, K., Yoshifuji, M., *Tetrahedron Lett.*, **2002**, *43*, 5075-5078.

[49] Lin, G., Wong, W.-T., *J. Organomet. Chem.*, **1996**, *522*, 271-275.

[50] Hillier, A. C., Liu, S. Y., Sella, A., Zekria, O., Elsegood, M. R. J., *J. Organomet. Chem.*, **1997**, *528*, 209-215.

[51] Konchenko, S. N., Sanden, T., Pushkarevsky, N. A., Köppe, R., Roesky, P. W., *Chem. Eur. J.*, **2010**, *16*, 14278-14280.

[52] Lukehart, C. M., *Fundamental Transition Metal Organometallic Chemistry,* Brooks Cole, Belmont, **1988**.

[53] Evans, W. J., Grate, J. W., Levan, K. R., Bloom, I., Peterson, T. T., Doedens, R. J., Zhang, H., Atwood, J. L., *Inorg. Chem.*, **1986**, *25*, 3614-3619.

[54] C. Hillier, A., Sella, A., R. J. Elsegood, M., *J. Chem. Soc., Dalton Trans.*, **1998**,

[55] Recknagel, A., Steiner, A., Brooker, S., Stalke, D., Edelmann, F. T., *Chem. Ber.*, **1991**, *124*, 1373-1375.

[56] Garcia Solé, J., Bausá, L. E., Jaque, D., *An Introduction to the Optical Spectroscopy of Inorganic Solids,* John Wiley & Sons, West Sussex, **2005**.

[57] Amberger, H. D., Hagen, C., *Spectrochim. Acta, Part A*, **1994**, *50*, 1267-1275.

[58] Amberger, H.-D., Reddmann, H., Evans, W. J., *Inorg. Chem.*, **2009**, *48*, 10811-10818.

[59] Bukietyńska, K., Radomska, B., *Polyhedron*, **1983**, *2*, 1297-1299.

[60] Häser, M., Treutler, O., *J. Chem. Phys.*, **1995**, *102*, 3703-3711.

[61] Maxwell, L. R., Hendricks, S. B., Mosley, V. M., *J. Chem. Phys.*, **1935**, *3*, 699-709.

[62] Zhaomin, H., Ken-ichi, A., Yuzuru, T., Yasuo, W., *J. Organomet. Chem.*, **1994**, *473*, 101-104.

[63] Tilley, T. D., Andersen, R. A., *J. Chem. Soc., Chem. Commun.*, **1981**, 985-986.

[64] Crease, A. E., Legzdins, P., *J. Chem. Soc., Dalton Trans.*, **1973**, 1501-1507.

[65] Scheer, M., Gregoriades, L. J., Zabel, M., Bai, J., Krossing, I., Brunklaus, G., Eckert, H., *Chem. Eur. J.*, **2008**, *14*, 282-295.

[66] Attenberger, B., Welsch, S., Zabel, M., Peresypkina, E., Scheer, M., *Angew. Chem. Int. Ed*, **2011**, *50*, 11516-11519.

[67] Bai, J., Leiner, E., Scheer, M., *Angew. Chem. Int. Ed*, **2002**, *41*, 783-786.

[68] Johnson, D. A., *J. Chem. Soc., Dalton Trans.*, **1974**, 1671-1675.

[69] Morss, L. R., *Chem. Rev.*, **1976**, *76*, 827-841.

[70] Lang, H., Zsolnai, L., Huttner, G., *Angew. Chem. Int. Ed.*, **1983**, *22*, 976-977.

[71] Boncella, J. M., Andersen, R. A., *Inorg. Chem.*, **1984**, *23*, 432-437.

[72] Wetzel, T. G., Dehnen, S., Roesky, P. W., *Angew. Chem. Int. Ed*, **1999**, *38*, 1086-1088.

[73] Bernal, I., Brunner, H., Meier, W., Pfisterer, H., Wachter, J., Ziegler, M. L., *Angew. Chem. Int. Ed.*, **1984**, *23*, 438-439.

[74] Edenharter, A., *Schweiz. mineral. petrogr. Mitt.*, **1976**, *56*, 22.

[75] Palazzi, M., *Acta Crystallogr., Sect B*, **1976**, *32*, 3175-3177.

[76] Chou, J.-H., Kanatzidis, M. G., *Inorg. Chem.*, **1994**, *33*, 1001-1002.

[77] Recknagel, A., Noltemeyer, M., Stalke, D., Pieper, U., Schmidt, H.-G., Edelmann, F. T., *J. Organomet. Chem.*, **1991**, *411*, 347-356.

[78] Evans, W. J., Rabe, G. W., Ziller, J. W., Doedens, R. J., *Inorg. Chem.*, **1994**, *33*, 2719-2726.

[79] Brunner, H., Leis, F., Wachter, J., Zabel, M., *J. Organomet. Chem.*, **2001**, *627*, 139-143.

[80] Avtomonov, E. V., Megges, K., Li, X., Lorberth, J., Wocadlo, S., Massa, W., Harms, K., Churakov, A. V., Howard, J. A. K., *J. Organomet. Chem.*, **1997**, *544*, 79-89.

[81] Boland, K. S., Hobart, D. E., Kozimor, S. A., MacInnes, M. M., Scott, B. L., *Polyhedron*, **2014**, *67*, 540-548.

[82] Barnea, E., Averbuj, C., Kapon, M., Botoshansky, M., Eisen, M. S., *Eur. J. Inorg. Chem.*, **2007**, *2007*, 4535-4540.

[83] Evans, W. J., Walensky, J. R., Champagne, T. M., Ziller, J. W., DiPasquale, A. G., Rheingold, A. L., *J. Organomet. Chem.*, **2009**, *694*, 1238-1243.

[84] Buchin, B., Gemel, C., Kempter, A., Cadenbach, T., Fischer, R. A., *Inorg. Chim. Acta*, **2006**, *359*, 4833-4839.

[85] Mullen, D. J. E., Nowacki, W., *Z. Kristallogr.*, **1972**, *136*, 48.

[86] Wu, Z.-Z., Ma, W.-W., Huang, Z.-E., Cai, R.-F., Xu, Z., You, X.-Z., Sun, J., *Polyhedron*, **1996**, *15*, 3427-3432.

[87] Berg, D. J., Burns, C. J., Andersen, R. A., Zalkin, A., *Organometallics*, **1989**, *8*, 1865-1870.

[88] Smith, D. M., Park, C.-W., Ibers, J. A., *Inorg. Chem.*, **1996**, *35*, 6682-6687.

[89] Lee, J., Brewer, M., Berardini, M., Brennan, J. G., *Inorg. Chem.*, **1995**, *34*, 3215-3219.

[90] Yasuda, H., Yamamoto, H., Yokota, K., Nakamura, A., *Chem. Lett.*, **1989**, *18*, 1309-1312.

[91] Fontenot, S. A., Cangelosi, V. M., Pitt, M. A. W., Sather, A. C., Zakharov, L. N., Berryman, O. B., Johnson, D. W., *Dalton Trans.*, **2011**, *40*, 12125-12131.

[92] Zhou, J., Liu, X., Li, R., An, L., Hu, F., Chen, R., Wei, Y., *Dalton Trans.*, **2013**, *42*, 11155-11162.

[93] Weber, F., Schultz, M., Sofield, C. D., Andersen, R. A., *Organometallics*, **2002**, *21*, 3139-3146.

[94] Hsiao, T.-J., Tsai, J.-C., *J. Appl. Polym. Sci.*, **2010**, *116*, 2040-2049.

[95] Brunner, H., Poll, L., Wachter, J., *Polyhedron*, **1996**, *15*, 573-576.

[96] Liu, G.-N., Jiang, X.-M., Wu, M.-F., Wang, G.-E., Guo, G.-C., Huang, J.-S., *Inorg. Chem.*, **2011**, *50*, 5740-5746.

[97] Rufanov, K. A., Spannenberg, A., *Mendeleev Commun.*, **2008**, *18*, 32-34.

[98] Bünzli, J.-C. G., Eliseeva, S. V., *Springer Series on Fluorescence,* (Eds.: P. Hänninen and H. Härma), Springer Verlag, Heidelberg, **2011**.

[99] Kocher, J., Gumy, F., Chauvin, A.-S., Bünzli, J.-C. G., *J. Mater. Chem.*, **2007**, *17*, 654-657.

[100] Scheer, M., Gregoriades, L., Bai, J., Sierka, M., Brunklaus, G., Eckert, H., *Chem. Eur. J.*, **2005**, *11*, 2163-2169.

[101] Gregoriades, L. J., Krauss, H., Wachter, J., Virovets, A. V., Sierka, M., Scheer, M., *Angew. Chem. Int. Ed*, **2006**, *45*, 4189-4192.

[102] Ly, H. V., Parvez, M., Roesler, R., *Inorg. Chem.*, **2005**, *45*, 345-351.

[103] Wachter, J., *Coord. Chem. Rev.*, **2010**, *254*, 2078-2085.

[104] Churchill, M. R., Youngs, W. J., *Inorg. Chem.*, **1979**, *18*, 1133-1138.

[105] Eichhöfer, A., Sommer, H., Andrushko, V., Indris, S., Malik, S., *Eur. J. Inorg. Chem.*, **2013**, 1531-1540.

[106] Coucouvanis, D., Murphy, C. N., Kanodia, S. K., *Inorg. Chem.*, **1980**, *19*, 2993-2998.

[107] Zimmermann, M., Törnroos, K. W., Sitzmann, H., Anwander, R., *Chem. Eur. J.*, **2008**, *14*, 7266-7277.

[108] Evans, W. J., Ulibarri, T. A., Schumann, H., Nickel, S., *Bis(η5-Pentamethylcyclopentadienyl)-Bis(Tetrahydrofuran)Samarium (II)*, in *Inorganic Syntheses*, John Wiley & Sons, **2007**.

[109] Bues, W., Somer, M., Brockner, W., *Z. Anorg. Allg. Chem.*, **1983**, *499*, 7-14.

[110] Chattopadhyay, T. K., Gmelin, E., von Schnering, H. G., *Phys. Status Solidi A*, **1983**, *76*, 543-551.

[111] Scherer, O. J., Sitzmann, H., Wolmershäuser, G., *Angew. Chem.*, **1985**, *97*, 358-359.

[112] Sheldrick, G. M., *SHELXS-13, Program for Crystal Structure Solution*, Universität Göttingen, **2013**.

[113] Sheldrick, G. M., *SHELXL-13, Program for Crystal Structure Refinement*, Universität Göttingen, **2013**.

[114] Farrugia, L. J., *J. Appl. Crystallogr.*, **1999**, *32*, 837-838.

[115] Dolomanov, O. V., Bourhis, L. J., Gildea, R. K., Howard, J. A. K., *J. Appl. Crystallogr.*, **2009**, *42*, 339-341.

[116] Brandenburg, K., *DIAMOND 3.2i, Visual Crystal Structure Information System*, Crystal Impact GbR, Bonn, **2012**.

7 Anhang

7.1 Verwendete Abkürzungen

a.u.	beliebige Einheit (arbitrary unit)
av.	durchschnittlich (average)
bzw.	beziehungsweise
CO	Carbonyl
Cp	Cyclopentadienyl
Cp*	Pentamethylcyclopentadienyl
Cp`	(*tert*-Butyl)cyclopentadienyl
Cp```	1,2,4-Tris(*tert*-butyl)cyclopentadienyl
Cp^{Et}	Tetramethylethylcyclopentadienyl
Cp^{Me}	Methylcyclopentadienyl
DIP_2pyr	2,5-Bis{*N*-(2,6-di*iso*propylphenyl)iminomethyl}pyrrolyl
HMPA	Hexamethylphosphorsäuretriamid
i-Pr	*iso*-Propyl
IR	Infrarot
Ln	Lanthanoid
Me	Methyl
Mes	Mesityl (2,4,6-Trimethylphenyl)
NIR	nahes Infrarot
n-Pr	*n*-Propyl
Ph	Phenyl
phen	1,10-Phenanthrolin
py	Pyridin
Rmp	Ringmittelpunkt
t-Bu	*tert*-Butyl
tepa	Tetraethylenpentaamin
THF	Tetrahydrofuran
$Tp^{Me,Me}$	Tris(2,4-dimethylpyrazolyl)borat
z.B.	zum Beispiel

IR-Spektroskopie

ATR	abgeschwächte Totalreflexion
m	mittel
s	stark (strong)
vs	sehr stark (very strong)
vw	sehr schwach (very weak)
w	schwach (weak)
$\tilde{\nu}$	Wellenzahl in cm^{-1}

7.2 Persönliche Angaben

7.2.1 Lebenslauf

Name:	Nicholas Jan Frederik Arleth
Geburtsdatum:	05.12.1984
Geburtsort:	Spaichingen
Staatsangehörigkeit:	deutsch
Familienstand:	ledig

Schulbildung

1991 - 1995	Grundschule Rietheim-Weilheim
1995 - 2004	Otto-Hahn-Gymnasium, Tuttlingen
06/2004	Schulabschluss: Abitur

Studium

2004 - 2011	Chemiestudium, Karlsruher Institut für Technologie
04/2008	Vordiplom
08/2010 - 02/2011	Diplomarbeit im Arbeitskreis von Prof. Dr. P. W. Roesky, Thema: "Beiträge zur Aluminium(I)-Chemie"
02/2011	Abschluss: Diplom-Chemiker
seit 04/2011	Promotion am Institut für Anorganische Chemie des Karlsruher Institut für Technologie (KIT) im Arbeitskreis von Prof. Dr. P. W. Roesky. Tätigkeit als Assistent im anorganisch-chemischen Grundpraktikum, Teil II, Quantitative Analyse

7.2.2 Publikationen, Poster und Vorträge

Publikationen

Hari Pada Nayek, Nicholas Arleth, Ina Trapp, Mattias Löble, Pascual Oña-Burgos, Magdalena Kuzdrowska, Yanhua Lan, Annie K. Powell, Frank Breher and Peter W. Roesky

Sodium and Potassium Salts of Mono- and Dianionic α-Imonopyridines

Chem. Eur. J. **2011**, *17*, 10814-10819.

Magdalena Kuzdrowska, Balasubramanian Murugesapandian, Larissa Hartenstein, Michael T. Gamer, Nicholas Arleth, Siegfried Blechert and Peter W. Roesky

{$CH_2(PPh_2{=}NSiMe_3)(PPh_2{=}S)$} and {$CH(PPh_2NSiMe_3)(Ph_2P{=}S)$}$^-$ as Ligands in Zinc Chemistry – Synthesis and Structures

Eur. J. Inorg. Chem. **2013**, 4851-4857.

Tianshu Li, Nicholas Arleth, Michael T. Gamer, Ralf Köppe, Timo Augenstein, Fabian Dielmann, Manfred Scheer, Sergey N. Konchenko and Peter W. Roesky

Intramolecular Phosphorus-Phosphorus Bond Formation within a Co_2P_4 Core

Inorg. Chem. **2013**, *52*, 14231-14236.

Poster

Hari Pada Nayek, Nicholas Arleth, Ina Trapp, Mattias Löble, Pascual Oña-Burgos, Magdalena Kuzdrowska, Yanhua Lan, Annie K. Powell, Frank Breher und Peter W. Roesky

Natrium- und Kaliumsalze von Mono- and Di-anionischen α-Iminopyridinen

127. Versammlung der GDNÄ, Göttingen, 2012.

Tanja Sanden, Michael T. Gamer, Anatoly A. Fagin, Valentina A. Chudakova, Nicholas Arleth, Sergey N. Konchenko, Igor L. Fedushkin und Peter W. Roesky

Synthesis of Unsupported Ln-Ga Bonds by Salt Metathesis and Ga-Ga Bond Reduction

Cost Action CM1006 Meeting: EUFEN 2, Dublin, 2013.

Tianshu Li, Nicholas Arleth, Michael T. Gamer, Ralf Köppe, Timo Augenstein, Fabian Dielmann, Manfred Scheer, Sergey N. Konchenko und Peter W. Roesky

Intramolecular Phosphorus-Phosphorus Bond Formation within a Co_2P_4 Core

11-th European Workshop on Phosphorus Chemistry, Sofia, 2014.

Vorträge

Nicholas Arleth

Reaktionen von zweiwertigen Lanthanoiden mit HG-Elementen

Wissenschaftliches Kolloquium von Arbeitsgruppen für Anorganische Chemie der Universitäten Hannover, Karlsruhe, Leipzig, Marburg, Münster, Regensburg und Würzburg, Hirschegg, 2013.

Danksagung

Herrn Prof. Dr. Peter W. Roesky möchte ich ausdrücklich für die Möglichkeit danken, meine Doktorarbeit und die damit verbundene interessante Aufgabenstellung in seinem Arbeitskreis bearbeiten zu dürfen. Sein Vertrauen, seine Ideen sowie seine Hilfestellung bei verschiedensten Problemstellungen ermöglichten letztlich mein Erreichtes.

Bei Dr. Sebastian Marks, Dr. Michael Gamer und Dr. Rory Kelly möchte ich mich für die äußerst gewissenhaften und gründlichen Korrekturen meiner Dissertation bedanken.

Prof. Dr. Annie K. Powell und Dr. Yanhua Lan möchte ich für die Untersuchungen der magnetischen Eigenschaften danken.

Prof. Dr. Manfred Kappes und Dr. Sergei Lebedkin möchte ich für die Untersuchung der Lumineszenseigenschaften danken.

Prof. Dr. Sergey N. Konchenko möchte ich danken für die Weitergabe seiner fachlichen Kenntnisse und die vielen wissenschaftlichen Anregungen.

Dr. Michael Gamer, Sybille Schneider, Petra Smie und Larissa Hartenstein möchte ich für das Messen meiner Kristallstrukturen danken.

Es sei den Mitarbeitern Kalam Munshi, Gabriele Leichle, Frank Rieß, Werner Kastner, Monika Kayas, Angie Pendl, Dr. Ralf Köppe, Nicole Klaasen und Helga Berberich herzlich für ihre zuverlässige und unersetzliche Arbeit gedankt.

Dr. Sebastian Marks und Sebastian Bestgen möchte ich für all die fruchtbaren wissenschaftlichen Gespräche danken, aus denen ich viel lernen konnte. Den Beiden sowie Eugenia Tausch möchte ich aber auch für die privaten lustigen Stunden danken.

Dr. Michael Gamer möchte ich für die gute Atmosphäre in unserem Labor danken, sowie die vielen Gespräche bei einem Kaltgetränk.

Dr. Dominique Thielemann möchte ich danken für seine Betreuung und sein Vertrauen in mich.

Allen weiteren aktuellen und ehemaligen Mitarbeitern, Diplomanden und Praktikanten des AK Roesky möchte ich für die angenehme Atmosphäre und gute Zusammenarbeit danken.

Für die vielen Abende, während denen ich mich stets von der Laborkocherei erholen konnte und gleichzeitig neue Motivation und Idee schöpfen konnte möchte ich Tsuruchi Logan, Akodo Gotesu, Toku Kisuke und Yoritomo Hayato danken.

Ganz besonderer Dank gilt jedoch meinen Eltern, ohne deren grenzenlose seelische und finanzielle Unterstützung ich nie so weit gekommen wäre.